目　次

1. **序　論** *1*
   - 1.1 本書の目的と範囲 *1*
   - 1.2 河川生態系における自然的攪乱・人為的インパクト *2*
     - 1.2.1 自然的攪乱と人為的インパクト *2*
     - 1.2.2 河川生態系の構成要素と空間・時間スケール *6*
     - 1.2.3 河川生態系を規定する支配要因 *8*
     - 1.2.4 自然的攪乱・人為的インパクトに対する河川生態系応答特性の捉え方 *9*
     - 1.2.5 河川生態系にとっての主要人為的インパクトと河川生態系への影響 *11*
   - **参考文献** *14*

2. **地球環境変化が河川環境へ及ぼす影響** *15*
   - 2.1 概　説 *15*
   - 2.2 地球環境問題 *15*
     - 2.2.1 地球温暖化 *16*
     - 2.2.2 オゾン層の破壊 *17*
     - 2.2.3 酸性雨 *19*
   - 2.3 地球温暖化による水循環および生態系への影響 *20*
     - 2.3.1 水循環への影響 *20*
     - 2.3.2 水質への影響 *21*
     - 2.3.3 水資源への影響 *24*
     - 2.3.4 生態系への影響 *24*
     - 2.3.5 海水面変化と河川生態系への影響 *26*
   - 2.4 酸性雨が水質や生態系へ与える影響 *26*
   - 2.5 オゾン層の破壊（紫外線の増加）が水質や生態系へ与える影響 *28*
   - 2.6 複合的な要因による生態系への影響 *28*
   - 2.7 長期間の水質・生態系モニタリングによる生態系への影響評価 *29*
   - **参考文献** *34*

3. **河川流送物質の量・質と自然的攪乱・人為的インパクト** *37*
   - 3.1 概　説 *37*

目　次

　　3.2　流量の自然変動と人為的インパクトの影響　39
　　　　3.2.1　潜在的自然流況と自然的攪乱　39
　　　　3.2.2　人為的インパクトによる流況の変化　43
　　3.3　河川流送物質の動態と人為的インパクト　56
　　　　3.3.1　土　　砂　56
　　　　3.3.2　水　　温　59
　　　　3.3.3　有機物，栄養塩　70
　　　　3.3.4　微量環境物質　72

　参考文献　74

4.　生態系基盤としての河川地形に及ぼす自然的攪乱・人為的インパクトとその応答　77
　　4.1　概　　説　77
　　　　4.1.1　河川地形システムの捉え方　77
　　　　4.1.2　河川生態系における河川地形の位置　79
　　4.2　流域(大)スケールの河川地形とその変化　80
　　　　4.2.1　河川の縦断形とセグメント　80
　　　　4.2.2　セグメントの形成機構　84
　　　　4.2.3　セグメントの変動速度と土砂動態マップ　89
　　　　4.2.4　セグメントスケールの河道変化と人為的インパクト　92
　　4.3　中規模スケール(セグメント内)の地形システムとその内的構造　96
　　　　4.3.1　河床に働く洪水時の掃流力と河道の平均スケール　96
　　　　4.3.2　河床地形と土砂の分級　101
　　　　4.3.3　河岸侵食および氾濫原堆積に伴う土砂の分級と堆積構造　109
　　4.4　中規模河川地形に及ぼす人為的インパクトの影響　115
　　　　4.4.1　人為的インパクトに対する中規模河川地形の応答方向　115
　　　　4.4.2　人為的インパクトに対する中規模河道地形の変化　118
　　4.5　小規模河川地形と人為的インパクト　129
　　　　4.5.1　小規模河床波　129
　　　　4.5.2　流水障害物と淵(プール)，サンドリボン　131
　　　　4.5.3　河床材料とマトリックス材　132
　　4.6　大洪水と河道の応答：大洪水はカタトロスフィックか　133
　　　　4.6.1　検討の目的と方法　133

         4.6.2　2000（平成12）年9月洪水による庄内川河道の変化　*134*
         4.6.3　セグメントごとの大洪水に対する応答特性　*141*
   参考文献　*150*

5. **河川における自然的攪乱・人為的インパクトと河川固有植物・外来植物のハビタット**　*153*
   5.1　**概　　説**　*153*
         5.1.1　河川生態系とは　*153*
         5.1.2　河川における生態の遷移　*155*
         5.1.3　河川植生と物理基盤の相互依存性　*156*
   5.2　**河川における自然的攪乱・人為的インパクトと植物の反応**　*156*
         5.2.1　河川における自然的攪乱と植物の反応　*157*
         5.2.2　河川における人為的インパクトと植物の反応　*159*
   5.3　**河川における植物群落の分布と河道特性**　*160*
         5.3.1　セグメントスケールから見た植物群落の分布特性　*160*
         5.3.2　多摩川における植物群落の分布　*163*
         5.3.3　多摩川以外の河川における研究例　*167*
   5.4　**河川における自然的攪乱と河川固有植物**　*168*
         5.4.1　渓流域における自然的攪乱と河川固有植物　*168*
         5.4.2　扇状地河川における自然的攪乱と河川固有植物　*171*
         5.4.3　蛇行域における自然的攪乱と河川固有植物　*172*
   5.5　**河川の植物や植生に与える人為的インパクトの影響**　*173*
         5.5.1　ダム建設による下流の植生変化　*173*
         5.5.2　水質の変化が植物に与える影響　*175*
         5.5.3　水位変化による植生変化　*176*
         5.5.4　土砂量増大による湿地の乾燥化　*178*
         5.5.5　高水敷の利用と植生　*179*
   5.6　**河道特性と外来植物のハビタット**　*179*
         5.6.1　河川における外来植物の侵入　*179*
         5.6.2　多摩川における外来植物群落の分布パターン　*181*
         5.6.3　多摩川におけるハリエンジュのハビタットと分布拡大　*182*
         5.6.4　多摩川永田地区におけるオニウシノケグサの繁茂　*184*
         5.6.5　鬼怒川における外来植物の侵入　*184*

目 次

5.7 礫床河川の河道内樹林化 *185*
    5.7.1 近年の礫床河川の河道特性と河川植生の繁茂 *186*
    5.7.2 河道内樹林化の形成過程 *192*
    5.7.3 洪水の攪乱による河道内樹林化 *200*

5.8 礫床河原植生の攪乱・破壊 *212*
    5.8.1 植生の洪水破壊の形態 *213*
    5.8.2 礫州上の草本類の攪乱・破壊 *213*
    5.8.3 礫州上の木本類の攪乱・破壊 *215*

参考文献 *226*

6. 自然的攪乱・人為的インパクトに対する河川水質と基礎生産者の応答 *231*

6.1 河川生態系における水質と基礎生産者 *231*
    6.1.1 河川生態系と水質 *231*
    6.1.2 河川生態系における基礎生産者としての底生藻 *234*
    6.1.3 河川生態系の食物網構造 *236*

6.2 自然的攪乱・人為的インパクトによる河川水質の変化 *236*
    6.2.1 降雨による栄養塩類の流出 *236*
    6.2.2 森林管理と河川水質 *237*
    6.2.3 ダム・堰による停滞域の発生と水質の変化 *238*
    6.2.4 河川水質と人間生活 *240*

6.3 自然的攪乱・人為的インパクトに対する底生藻群落の応答 *242*
    6.3.1 河床攪乱と底生藻群落 *242*
    6.3.2 河川水質の変化と底生藻 *249*

6.4 自然的攪乱・人為的インパクトと時間軸 *252*

参考文献 *254*

7. 自然的攪乱・人為的インパクトに対する底生動物の応答特性：出水が底生動物に及ぼす影響 *259*

7.1 概 説 *259*

7.2 河川生態系における底生動物 *261*

7.3 底生動物に対する出水攪乱：攪乱と応答の定義と特徴付け *263*

7.4 抵抗性と回復速度 *265*

7.5　攪乱からの回復時間　*269*
7.6　リーチ内待避場　*270*
　7.6.1　冠水した氾濫原や河原等　*271*
　7.6.2　巨礫の下流側および下面　*272*
　7.6.3　はまり石　*273*
　7.6.4　MBC（Microform bed cluster）　*274*
　7.6.5　河床間隙域　*275*
　7.6.6　リター堆積パッチ　*277*
　7.6.7　倒流木堆積　*277*
7.7　おわりに　*279*
参考文献　*280*

8.　魚類の生活に影響を与える自然的攪乱と人為的インパクト　*283*
8.1　概　　説　*283*
8.2　温暖化が魚類に及ぼす影響　*285*
　8.2.1　温度変化に対する魚類の生理学　*286*
　8.2.2　温度選好　*289*
　8.2.3　進化時間と温暖化　*290*
　8.2.4　種の分布移動　*291*
　8.2.5　湧水域の魚に与える影響　*292*
　8.2.6　淡水魚分布における海進の影響　*293*
　8.2.7　温暖化は絶滅を招くか　*294*
　8.2.8　種の多様性と温暖化　*295*
8.3　ダム構造物が魚類の生活に与える影響　*296*
　8.3.1　河川の魚類の生活　*297*
　8.3.2　ダム上流域：湛水域（ダム湖）　*298*
　8.3.3　ダム下流域：減水域　*302*
8.4　河川の魚類相：移入種と多様性　*306*
　8.4.1　豊川の特性　*306*
　8.4.2　豊川の魚類相　*308*
　8.4.3　移入種の問題　*312*
　8.4.4　魚類相からみた豊川の今後　*315*
参考文献　*320*

目　次

9. 自然的攪乱・人為的インパクトの観点から見た河川生態系の保全・復元の方向　*323*

9.1 河川生態系の保全・復元の意義　*323*
9.2 河川生態系制御における操作要素と受動要素　*328*
9.3 河川生態系の保全・復元の方向　*331*
 9.3.1 流域の土地利用と河川生態系の保全・復元　*331*
 9.3.2 河川計画と河川生態系の保全・復元　*332*
 9.3.3 河川環境における人為的インパクトの軽減：魚類の保全の視点から　*335*
 9.3.4 ダム構造物と魚類の保全・復元　*337*
9.4 今後の課題　*341*
参考文献　*344*

一般項目索引　*345*
地名関連項目索引　*355*
生物関連項目索引　*358*

プシステム),リーチスケールである生息場所(ビオトープ),水深スケールである小生息場(ハビタット),礫径スケールの微生息場所(マイクロハビタット),砂スケールである超微生息場所(スーパーマイクロハビタット)の6階層区分を提示している.

本書では,これらを統一した表現とせず,生態系構成要素ごとに慣用として使われているターミノロジーをそのまま使用することにした.なお,図-1.2に示す空間スケールは,水平方向の長さであり垂直方向の長さでない.同図には,本書で取り上げる地球環境変化,物質の流送量と移動形態,河川地形,河川植生,河道内樹林化,基礎生産者(付着藻類等),底生動物において記載の対象とした空間スケールを図示した.

ところで,自然的攪乱・人為的インパクトにより現れる現象が変化として認知し得る時間の長さは,空間スケールと強い関連性がある.空間スケールが大きくなるほど変化として現れるのに時間がかるからである.本書では,河川生態系を空間スケールで階層化し,時間スケールは空間スケールと相互連関するものとして直接にはスケール区分しないことにした。

1.2.3 河川生態系を規定する支配要因

河川生態系およびそれらの諸構成要素を規定する支配的(主要)因子について考えてみる.ところで,主要因子とは,対象とする系(システム)に何らかの影響を生じせしめる系の外にある主要な変数とみなされるが,系を包む空間スケールを変えれば,その空間スケールに対応する系に作用する影響因子は異なる.河川生態系は,種々の空間スケール現象の現れであるので,これを分析・解析するにあたっては,スケールの大きさごとに系を階層化し,あるスケールの階層では,それより大きい階層で規定されるものを固定的な境界条件(外的に拘束されている)として,その内部の種々の現象や特性を規定する主要因子を用いて(自らの固有の内的連関性を用いて)分析・解析せざるを得ない.それゆえ,どの階層構造の河川生態系かによって,それに影響を与える適切な因子が異なる.一方で,上位の階層構造は,下位の階層構造の変化の集積により偏移して行かざるを得ない.すなわち,総体としての構造(システム)は,ある階層の主要因子に及ぼす上位および下位の階層の情報との連関性を把握分析し,つながりを明らかにしなければならない.河川生態系は,部分が全体に規制され,全体が部分のシステム的総合体である一種の有機体とアナロ

ジーされるのである.

　例えば，地球温暖化というインパクトによる河川生態系の変化を予測・記述する場合は，気候(主に気温，降水量)と海水面の変化を主要支配要因とし，空間としては流域およびセグメントの空間スケールの河川地形，植生，魚類等の変化を記述することになろう．河道の直線化というインパクトを考えれば，流況を固定し，河道内砂州・横断形状の変化を媒介とした植生や魚類層の変化をセグメントあるいはリーチの空間スケールで記述していくことになろう．

　河川生態系の諸構成要素の自然的攪乱・人為的インパクトに対する応答特性については，検討対象空間の階層スケールに応じて境界を設定し，自然的攪乱・人為的インパクト要因ごとに河川生態系の各構成要素がどのように反応するか記述することになろう．そこでは，各構成要素の相互連関性を，対象空間スケールに適した，また検討対象現象に適した時間単位での物質(エネルギー)の流れを空間の境界を通過する量として把握し(基本は上流から下流向きとし，側方からも物質を出入りさせる)，それと地形形態，河川生態系の量・質の変化を分析し，物(量)と物(量)の相互連関性として把握(物理系，化学系，生物系間の関連性の強さと向き)することが目指されよう．相互連関性の関数関係が解明されれば，各空間階層内の動態(変化)は，境界を通る物(量)と内部因子の物(量)に時間項を付せば予測可能となり，河川生態系の復元という技術的対応の根拠性となる．

1.2.4　自然的攪乱・人為的インパクトに対する河川生態系応答特性の捉え方

　河川生態系の自然的攪乱・人為的インパクトに対する応答特性の捉え方については，十分に概念化，理論化が進んでいるとはいえない．自然的攪乱・人為的インパクトに対する河川生態系の応答特性を把握するには，まず各空間スケールでの生態系構成要素ごとに，以下のような情報が求められる．

・攪乱限界外力・水質：攪乱を生じせしめる限界外力・水質を明確にする．例えば外力として玉石移動限界流速，付着藻類剥離限界流速，樹木倒壊流速等であり，水質としては，生物の行動と生活を変える限界水温，pH，濁度等である．
・攪乱後の応答速度：攪乱に対する応答速度，植生景観遷移速度，大洪水後の付着藻類・水生昆虫・魚類の回復速度等である．
・攪乱時の生物の応答：回避行動，植物の破損・破壊形態等である．

1. 序論

　次に，河川縦断方向に河川空間を空間区分し，各区分空間(コンパートメント)の境界を通した物質の出入りを洪水時，月平均および年平均の物質収支として縦断方向に繋ぐことが必要であろう．具体的には，単位空間スケール内での物質の変換過程を取り込んだ物質収支を把握し，河川の上流から海までの物質の流れ量を表出する．しかしながら，河川という移流場では閉鎖系(湖沼)より時間変動性が激しいこと，移流量を評価しなければならないことより，量的把握が困難であり，漸く実態把握が始まった段階にある．まずは小セグメント(4.2.2参照)に空間区分し，区分線を境界として物質収支を評価していくことから始めなければなるまい．河川生態系にとって重要な河川流送物質に関する情報が不足しているので，すべての物質について収支図を描けないが，水量については作図可能であり，土砂については粒径別流送土砂量を河川に沿って描く試みがなされている(4.3.2参照)．BOD，窒素等の水質項目についても漸く描く試みがなされている［河川生態学術研究会千曲川グループ(2002)］．なお，収支図を描くには，当然，量とその変化に関する情報が必要であり，この情報を得るための観測が求められる．

　河川生態学において「河川連続体仮説」が提案され，縦断方向に生態的特徴の異なった区間分けができ，それが物質を媒介として上流から下流に連続していることが指摘されている．洪水時および年平均的な時間スケールにおいて「単位空間スケール内での物質の変換過程を取り込んだ物質収支を把握し，河川の上流から海までの物質の流れ量を表出する」ことが河川生態系の理解のため，また復元という技術行為のために必要なのである．

　ところで，ある空間階層内での物流を通した物質収支を評価するには，生物の相互作用である食物連鎖に関する知見が必要である．生態学ではこれを食物網(生食物連鎖と腐食食物連鎖)として，例えば，生食物連鎖においては，緑食植物を一次栄養段階，これを食べる捕食者を二次栄養段階，捕食者を食する肉食者を三次栄養段階，肉食者を食う肉食者を四次栄養段階としており，生態系を垂直方向のイメージで階層構造として捉えている．これは生物の生き残り(行動)戦略(生活史，動物行動学，動植物の空間配置形態)を理解するために必要な構造化である(この食物連鎖の階層構造には直接的には前述してきた空間階層性の概念は含まれていない)．

　河川生態系を認知化(科学化)するとは，2つの性質の異なる階層構造における階層境界面での物質の流れ(情報)の量・質の変化と階層内での構造の変移の関係を明らかにすることにあるといえよう．

1.2 河川生態系における自然的攪乱・人為的インパクト

上述したように,空間階層間の情報のやりとりを記載記述できるようしていくことが必要であるが,現実には,河川生態系を構成する要素間の相互連関性の実態も理論化も十分なされているとはいえず,漸く意識的に総合研究が始められた挑むに値する調査研究フィールドなのである.

1.2.5 河川生態系にとっての主要人為的インパクトと河川生態系への影響

日本の河川に全く手付かずの自然河川はない.現存する河川は,人間が河川に働きかけた歴史的産物であり,人間の手垢のついた二次的自然である[山本(1999)].

遠く縄文時代にあっては,植物の採取,狩猟,漁労を生産労働の中心とした生活を営み人口も少ないこともあり,河川との関わりは薄く,河川生態系に対する人為的インパクトの影響は微弱なものであった.

紀元前300年頃北九州に始まった水稲耕作は,弥生時代中期までには東北青森まで行われるようになる.水田の増大は,用水を必要とする.畿内を中心に3世紀頃から小河川の渇水流量を超える用水が必要となり「ため池」がつくられるようになる.難波の堀江や茨田堤に象徴される大河川の沖積地への積極的な進出も行われる.平城京や平安京の建設には,木材の供給の要から周辺の山の森林破壊も起こる.公地公民の制に基づく条里制,治水工事は沖積地の基盤整備事業であり,河川に対する人為的インパクトであった.

戦国期から江戸時代の近世初期は大沖積地開発の時代であった.河川の瀬替え(流路変更),用水路の建設,堤防の築造等の工事がなされ,17世紀初頭1 800万人であった人口は100年後に3 000万人近くに達している.河川が大きく変わった時代といえよう.斐伊川では,花崗岩の風化物である土中の砂鉄を採取する鉄穴流しが活発に行われ,多量の土砂が人為的に流され,斐伊川は天井川となり同時に宍道湖を埋め立てた.

明治になり近代的土木技術の導入と日本の産業構造の変化に伴い,河川に対する働きかけの規模が大きくなる.1930年代になると巨大な電力ダムの建設も行われる.高度経済成長が始まる1960年頃になると,河川に対する行政投資も国民総生産量に比例して急増していく.この頃から河川水質の悪化を通して河川生態系の変化が世情に認知されだした.1980年代には地球環境問題や生態系の保全が問題とされ出し,現在では河川生態系の保全・復元が行政施策として行われている.

1. 序　論

以上見たように，河川に及ぼす人為的インパクトの影響とその評価は，本来，人間を含めた歴史的，生態史的視点が必要であるが，本書では人間系は河川生態系に対する外力変数として取り扱う．

戦後，河川生態系に及ぼした主要な人為的インパクト要因としては，次のようなものがあげられる．

a. 低水路の掘削・拡幅　建設用骨材としての河床材料の利用と，河道の洪水流下能力増大という2つの目的のため，高度経済成長期(1950年代後半から1970年代前半)をピークとして多量の砂利・砂の採取が行われた．採取による河川機能の劣化(既設構造物の破損，地下水位の低下等)が生じるようになり，砂利採取の規制が強化され採取量は急速に減少した．ちなみに河川砂利供給量は，1966年2億7000万トン，1973年1億1000万トン，1989年4300万トンである［河川行政研究会(1995)］．

日本の山地からの総流出土砂量は，年間2億トン程度と推定され，そのうち骨材として利用しうるのは30%程度と考えられるので，1960年代にはその3〜5倍の骨材をそれも大河川で集中的に採取していたのである．

b. 土砂供給量の変化　図-1.3は，16の河川のハイダム流域率(沖積平野に出る地点より上流流域面積に占めるダム地点より上流の流域面積の割合)の時間変化を示したものである［建設省治水課ほか(1991)］．土砂災害防禦のための砂防ダムの建設や植林事業と相まって，1950〜1970年代にかけて沖積河川への土砂供給量の減少が始まり，現在に至っている［自然災害科学総合研究班(1975)；建設省中部地方建設局(1983)］．

一方，都市近郊の丘陵を流下している河川では，70年代後半から宅地開発が進み，細粒土砂の供給量を急増させた．

c. 洪水流量・流況の変化　日本のダムの調節容量は大きなものでなく，大洪水ではピーク流量の数割の低減効果でしかないが，洪水流量の低減は確実に生じており，また平常時の流量

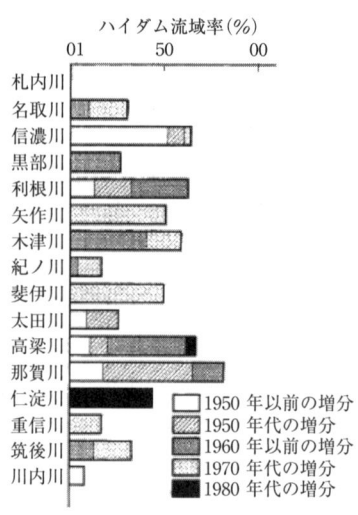

図-1.3　ハイダム流域率の変化［建設省治水課ほか(1991)］

の平準化が生じている.

d. 河川横断工作物および護岸の設置　従来からも取水のための頭首工・取水堰や河岸侵食を防ぐため護岸・水制等が設置されてきたが，1960年代後半の高度経済成長以来，その量が急増し，また上流山間地では砂防ダム，流路工等が設置された．これにより水際生態系の劣化，魚類の上下への移動の困難性等が生じた．

e. 水質の変化　ダムによる貯水は，河川水質（水温，濁度，窒素，リン等）に変化を与える．また，都市からの流水は，多量の汚染物質を排出させる．下水道からの排水量の割合が大きい河川では，河川水質が下水道の排水水質に規定されるようになってきている．ちなみに1990年代後半において，鶴見川亀の子橋で低水流量の75%，多摩川二子橋で70%程度が下水道経由となっている．

f. 外来種の進入・遺伝子レベルの異なる生物種の地域間移動　河川における魚類生産量を増大するため，他の場所で生育した魚の放流（例えば，琵琶湖産の鮎の放流），ブラックバスのような外来種の進入により，在来の魚種の減少等が生じている．また，河川植生において外来種であるセイタカアワダチソウ，アレチウリ，ハリエンジュ，シナダレスズメガヤ等が増大し，在来植生種の変化が生じている．

このような人為的インパクトは，河道形態，河川水理・水文レジーム，河川生態を変化させている．人為的インパクトが河川生態系のどのように変化を与えているかを把握し，未来を見えるようにすることは喫緊の課題なのである．

の結果，年平均気温の移動平均値は，算術平均値を上回る状態が 1950 年から継続しており，特に 1980 年以降上昇傾向にあることが顕著に認められた．また 1980 年代以降，気温上昇に伴い，年降水量の減少と年流出率が低下傾向にあり，河川流量の低下と水質の悪化が示唆された．

長野県諏訪湖には冬季に"お神渡り"と呼ばれる現象があり，15 世紀より現在まで継続している世界で最も長い湖氷記録がある．お神渡りの記録には，「明海（結氷せず）」および「お神渡りなし」がある．新井 (2000) は，この現象を気候変動と関連させ解析を行った．1451 年以降の集計を行った結果，1520 年から 1700 年まで明海が3 例であったが，1701 年から 1950 年までの各 50 年間においては 2 項目の発現回数は 4〜7 例，1951 年以降は急速に発現頻度が多くなり，1988 年まで 22 例となっている．この結果と南米のエルニーニョの発生頻度を比較すると，エルニーニョの頻度が高かった時に諏訪湖の「明海・お神渡りなし」の発現頻度に高い傾向が認められた．しかし，1951 年以降の「明海・お神渡りなし」の高い頻度は，エルニーニョでは説明できず，近年の地球温暖化の影響であると述べている．

2.3.2 水質への影響

(1) 水温の変化

尾崎ら (2001) は，全国 5 河川の水温日平均値，流量と流域の気象データの解析から，気象変化に対して水温が追随して変化し，気温 1℃上昇に対し，水温 0.84〜0.89℃上昇があることを示した．同様な解析は欧米の河川でも行われている．英国の河川では流域の特性により水温上昇率が異なり，地下水の多い河川では気温の 0.5 倍，森林流域では 0.7 倍，普通の河川では 0.9 倍という結果が得られている [Web(1992)]．ミネソタ州の河川水温の解析から気温 1℃の上昇に対し，水温 0.89℃の上昇が予測された [Pilgrim et al.(1998)]．また，河川流量の増加に伴い，水温が低下する傾向が認められている [Arnell(1996)]．

(2) 溶存酸素の溶解度の変化

水温上昇により溶存酸素の溶解度が減少する．溶存酸素の 20℃における溶解度は 9.2 mg/L であるが，25℃での溶解度は 8.4 mg/L に減少する．水温の上昇は好気性微生物の活性に影響を及ぼし，有機物分解が促進され，さらに水中の溶存酸素濃度が減少することが考えられる．また魚類にとって生息可能な溶存酸素濃度は一

般に 5 mg/L 以上と考えられ，それ以下への濃度減少は魚類の生存に影響を与えることになる．

木曽川の河川水質の周年変化について，例年にない高温が記録された 1994 年(平年値より最大 1.8～2.0℃高い)と 1984～1993 年の 10 年間の河川水質の平均値を比較すると，1994 年には水温の上昇と流量の減少により，BOD の上昇，溶存酸素濃度の低下，大腸菌群数の増加が認められ，気温上昇が河川水質に顕著な影響を与えたことを指摘した[森(2000)]．

(3) pH，アルカリ度の変化

カナダのオンタリオ州実験湖沼群において 1970～90 年の 20 年間の観測結果より，温暖化・乾燥化が河川や湖沼の物理・化学・生物学的プロセスに大きな変化をもたらしたことが明らかにされた[Wright and Schindler(1995)；Schindler et al. (1996)]．湖沼へ流入する河川水量が減少し，集水域からの化学物質輸送量は減少したが，乾燥化に伴い森林火災が発生し，輸送量が増大する時期が認められた．湖沼では滞留時間の増大，水温の上昇により硫酸還元・脱窒・生物への取込みの増加等が起こり，その結果，湖水のアルカリ度の増加や pH 上昇が認められている(**図-2.2**)．

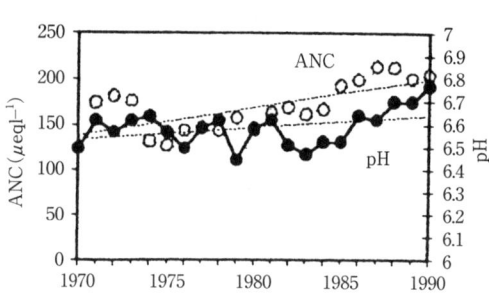

図-2.2 湖沼の pH と陰イオン中和能力(アルカリ度)の経年変化[Wright and Schindler(1995)](カナダのオンタリオ州の実験湖沼地域内の湖沼 No. 239)

スイスのアルプス高地の湖沼で温暖化により周辺の氷河が後退した結果，集水域土壌・岩石の風化や酸化が進み，湖水へ流入する塩基性陽イオンが増加し，湖水のアルカリ度の増加や pH 上昇が起こっている[Sommaruga-Wograth et al.(1997)]．

カナダのオンタリオ州，スイスのアルプス等の高地湖沼地域で観測されている降水は，pH 5 程度の酸性雨であるが，河川や湖水の pH 低下は認められていない．湖沼堆積物中の珪藻類，花粉の記録より，過去 200 年を通し湖沼の pH を規定する主な因子は気候変動(温暖化)であることが明らかにされた[Koinig et al.(1998)]．

(4) 硝酸イオン濃度の変化

温暖化により河川集水域土壌の硝化活性が増加し、ウェールズ中央部における渓流水の硝酸イオン濃度が増加することが認められた(図-2.3)[Reynolds et al.(1992)]．特に1984年の夏季は高温で乾燥し、集水域の蒸発散量が増加し、土壌が高温・乾燥化し、硝化活性が増加し、土壌溶液中の硝酸イオン濃度は増加し

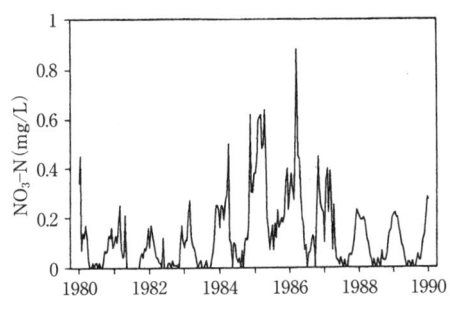

図-2.3 渓流水の硝酸イオン濃度の変動[Reynolds et al.(1992)]

た．翌年の1985年夏季には反対に雨量が多く、土壌中の硝酸イオンが溶出し、渓流水中の硝酸イオン濃度の著しい増加が認められた．その後も数年間、硝酸イオンは高濃度に推移した．このように土壌の高温・乾燥化は、有機態窒素の無機化を促進させると考えられ、このような現象は乾土効果と呼ばれている．また、温暖化に伴い、降水量が変化すると、流域からの窒素の流出特性が変化し、河川水や地下水中の窒素濃度も変化すると考えられる．

ニューヨーク州のビスケット川の源流域において、1983～1995年に硝酸イオン濃度の季節および年間の平均値に大きな変動が見られた．その濃度は、大気からの窒素沈着量との間に相関はなく、年平均気温と正の相関を示した．集水域における土壌中の硝化活性は、土壌温度の上昇に伴い増加する傾向があり(図-2.4)、大気からの窒素

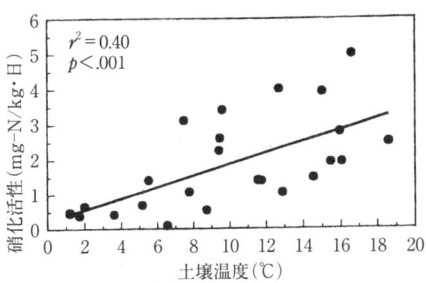

図-2.4 落葉樹林土壌の温度と硝化活性の関係[Murdoch et al.(1998)]

沈着量や森林による取込み量より、平均気温の上昇が土壌中の窒素の硝化活性(渓流水の硝酸イオン濃度の増加)に影響する主な要因であると推定された[Murdoch et al.(1998)]．このように窒素が過剰に供給される(窒素飽和にある)生態系では、窒素沈着量が減少しても渓流水中の硝酸イオン濃度の減少は速やかに起こらないと考えられる．

東京都国分寺市の真姿の池湧水中の硝酸イオン濃度は6～8 mg-N/Lであり、そ

2. 地球環境変化が河川環境へ及ぼす影響

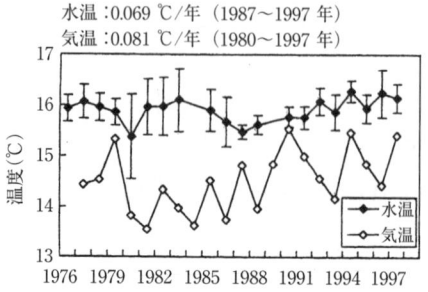

図-2.5 気温(東京都府中市)と真姿の池湧水(東京都国分寺市)の水温の経年変化[小倉(2000)]

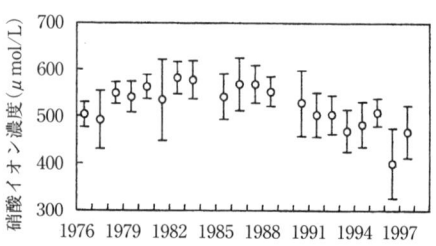

図-2.6 真姿の池湧水中の硝酸イオン濃度の経年変化[小倉(2000)]

の起源は，窒素安定同位体比により主として土壌浸透した生活雑排水中の有機態およびアンモニア態窒素であることが推定される[吉田，小倉(1979)]．図-2.5 に示すように東京府中市(真姿の池湧水に最も近い気象観測地点)における気温は上昇し，地温も上昇した結果，湧水水温も 1987～97 年の間に約 0.8℃上昇した．地温の上昇に伴い土壌中の硝化活性は増加したと考えられるが，硝酸イオン濃度は徐々に減少する傾向にある(図-2.6)[小倉(2000)]．これは，流域の下水道の普及に伴い，生活排水の土壌浸透が行われなくなり，硝酸イオンの起源となる有機態窒素やアンモニア態窒素の土壌への負荷が減少したためと考えられる．

2.3.3 水資源への影響

温暖化により一般的に河川流量が減少し，水資源への影響が懸念される．積雪地域では積雪が少なくなり，春先の雪解けが早まり，1～3月の流量が増加するが，その後の4～6月頃の流量が減少し，水資源として安定した河川水量の確保が困難になることも考えられる[環境庁地球環境部(1997)；花木(2000)]．また，温暖化により海水面が上昇し，河川や地下水に塩水が侵入し，水資源への影響も考えられる．

酸性雨等の影響により森林が衰退すると，流出率が変化し，安定な水量確保に問題が起こる．また，大気からの窒素沈着量が増加することにより森林の窒素飽和現象が起こり，渓流水の硝酸イオン濃度が増加し，飲料水質に影響を与えることも考えられる．

2.3.4 生態系への影響

森林地帯の小河川では河畔林からのリターが動物群集の重要な餌となっている．

2.3 地球温暖化による水循環および生態系への影響

温暖化は,河畔林植生や河川に供給されるリター量を変化させ,河川生態系の構造の変化を引き起こすと考えられる[谷口,中野(2000)].

(1) プランクトン群集への影響

地球温暖化により湖沼のプランクトン群集に影響が現れる[花里(2000)].温暖化が進行すると,湖の深水層の溶存酸素濃度が低下し,植物プランクトンでは藍藻が優占するようになる.動物プランクトン群集では,高温耐性の低いアミやダフニア(Daphnia;大型枝角類)が減少する.また,多くの動物プランクトン種で成熟サイズの低下が起こり,小型化が起こる.動物プランクトンの小型化は,低次生産者から高次生産者(魚)までの食物連鎖を長くし,エネルギー転換効率の低下を引き起こす.水温上昇によるプランクトン群集や魚類等の生態系への詳細な影響やメカニズムについては不明な点が多く,今後の知見の蓄積が必要である.

(2) 魚類への影響

水温の上昇により,高水温に弱い魚類,サケ科のイワナ,ヤマメ等の生息域の減少や死滅が考えられ,淡水魚類の分布変化に関する予測が世界各地において様々な空間スケールにおいて行われている[谷口,中野(2000)].Nakano et al.(1996)は,日本列島におけるオショロコマやイワナの分布域を検討し,4℃水温上昇によりオショロコマの分布域の90%が消失し,イワナの分布域の35%が消失すると推定した(**図-2.7**).河川水温

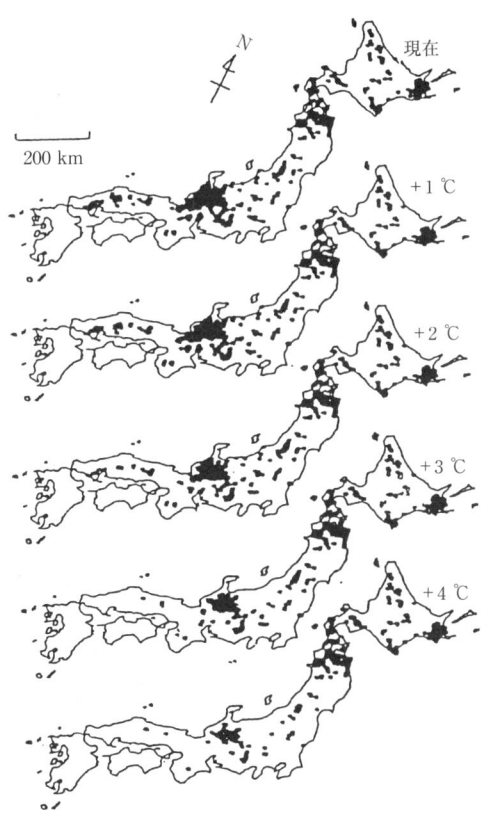

図-2.7 現在および年平均気温が1℃から4℃まで上昇した時のイワナの予想分布[Nakano et al.(1996)]

温暖化が淡水魚に及ぼす影響は，水温上昇そのものだけでなく，他の局所的な環境攪乱因子との複合影響であると考えられる．河畔林の焼失や伐採に伴う水温上昇により，サクラマスやヤマメ等の冷水性魚類の個体群サイズが縮小したことが明らかにされている[Inoue et al.(1997)]．河川水温の上昇は，都市のヒートアイランド現象や温排水の流入等によっても引き起こされる．地球温暖化（水温上昇）の魚類への影響に関しては 8. で概説している．

2.3.5 海水面変化と河川生態系への影響

温暖化により南極などの氷が解け，海水面が上昇し，水深が深くなり，沿岸生態系への影響が考えられる[環境庁地球環境部(1997)]．海水面の上昇により海岸線が後退し，沿岸域の低地や湿地が水没し，自然生態系や人間の居住空間・施設等への影響が考えられる．また，海水面の上昇により河川や地下水へ塩水が侵入し，水資源への影響が懸念される．

一方，水深が深くなると，海底へ到達する光の量が減少し，潮位の変化が大きくなり，高潮や波が大きくなり，砂浜・磯浜海岸線の陸側への後退，河口付近の洪水時水位上昇，河川感潮区間長の増大，河口部水深の増大，汽水域の塩分濃度の増加が予想される．これらは河口付近の汽水環境・沿岸環境の変化であり，それに応じて生態系の変化が予測される．

2.4 酸性雨が水質や生態系へ与える影響

酸性雨の影響により陸水の水質が変化し，特に pH が低下すると，魚類組成の変化と魚類資源の減少が考えられる[Schofield(1976)]．雪解けの起こる春先に pH が低下する傾向が認められ，これにより一部の魚類や両生類の産卵・孵化が妨げられる被害が報告されている[Leivstad et al.(1976)]．ノルウェー南部の渓流水中の硝酸イオン濃度の増加が認められている．これらの地域における農業活動は小さいので，その原因は大気沈着物と考えられた[Henriksen and Brakke(1988)]．

日本では，中部山岳地域の酸性岩を基盤とする犀川，天竜川(松川)の上流域において，pH が経年的に低下する傾向が見られ，pH の低下は 10 年間で 0.2～0.6 であった[栗田ほか(1993)]．これは酸性雨の影響と考えられた．

2. 地球環境変化が河川環境へ及ぼす影響

参考文献

- 新井正:地球温暖化と陸水水温,陸水学会誌,61, pp. 25-34, 2000.
- 伊豆田猛:森林生態系における窒素飽和とその樹木に対する影響,大気環境学会誌,36, A1-A13, 2001.
- 岩坪五郎,徳地直子,仲川泰則:降水と森林流出水の水質―降水溶存元素量の30年間の変動,降水と流出水にともなう溶存元素収支と森林流出水質の広域変動,森林立地,39, pp. 63-71, 1997.
- 小倉紀雄:地球温暖化の陸水水質への影響,陸水学会誌,61, pp. 59-63, 2000.
- 尾崎則篤ら:異なる時間スケールの気象変動が河川水温に及ぼす影響,土木学会論文集,2001.
- 環境省編:環境白書(平成14年度版),ぎょうせい,2002.
- 環境庁地球環境部編:地球温暖化,p. 121,読売新聞社,1997.
- 環境庁地球環境部監修:酸性雨―地球環境の行方,中央法規出版,1997.
- 環境省地球温暖化問題検討委員会温暖化影響評価ワーキンググループ:地球温暖化の日本への影響(報告書),2001.
- 栗田秀實ら:中部山岳地域河川上流域における河川・湖沼pHの経年的低下と酸性雨の関係について,大気汚染学会誌,28, pp. 308-315, 1993.
- 蔵治光一郎:森林流域における渇水時流出量の年々変動に関わる降水量指標の検討,水工学論文集,44, pp. 365-370, 2000.
- 建設省関東地方建設局:地球温暖化水文循環影響予測検討業務報告書,1993.
- 柴田英明:森林流域でのHydrobiogeochemistryにおけるネットワーク研究の重要性,日本生態学会誌,51, pp. 269-275, 2001.
- 谷口義則,中野繁:地球温暖化と局所的環境攪乱が淡水魚類群集に及ぼす複合的影響;メカニズム,予測そして波及効果,陸水学会誌,61, pp. 79-94, 2000.
- 地球環境研究会編:地球環境キーワード事典(四訂版),中央法規出版,2003.
- 戸田浩人,生原喜久雄:スギ・ヒノキ林人工林小流域における植栽後20年間の渓流水質,東京農工大学平成11年度教育研究改革改善プロジェクト経費報告書,pp. 143-162, 2000.
- 戸田浩人ほか:全国演習林における渓流水質,日本林学会誌,82, pp. 308-312, 2000.
- 土木学会水理委員会・水文小委員会:全国試験流域調査表,p. 242, 1985.
- 花水啓祐:水環境への気候変化の影響と対応策,河川,2000年12月号,pp. 45-49, 2001.
- 花里孝幸:地球温暖化とプランクトン群集,陸水学会誌,61, pp. 65-77, 2000.
- 不破敬一郎,森田昌敏編著:地球環境ハンドブック(第二版),朝倉書店,2002.
- 森和紀:地球温暖化と陸水環境の変化−とくに河川の水文特性への影響を中心,陸水学会誌,60, pp. 101-105, 2000.
- 吉田和弘,小倉紀雄:野川湧水中の硝酸塩濃度とその起源,地球化学,12, pp. 44-51, 1979.

- Aber, J. D. et al. : Nitrogen saturation in northern forest ecosystems, Bio. Science, 39, pp. 378-386, 1989.
- Arnell, N. : Global warming, river flows and water resources, Wiley, Chichester, England, 1996.
- Henriksen, A. and Brakke, D. F. : Increasing concentrations of nitrogen to the acidity of surface waters in Norway, Water, Air and Soil Pollution, 42, pp. 183-201, 1988.
- Inoue, M. et al. : Juvenile masu salmon(Oncorhynchus masou)abundance and stream habitat relationships in northern Japan, Canadian J. Fish. Aquatic Sci., 54, pp. 1331-1341, 1997.
- IPCC(気候変動に関する政府間パネル)編:IPCC地球温暖化第三次レポート,中央法規出版,2001.
- Koinig, K. K. et al. : Climate changes as the primary cause for pH shifts in a high alpine lake, Water,

参考文献

Air and Soil Pollution, 104, pp. 167-180, 1998.
- Leivstad, H. *et al.* : Effects of acid precipitation on forest and fresh water ecosystem, Norway, 1976. ［訳書：酸性雨―地球環境の行方(1997), p. 103］.
- Likens, G. E. : Biogeochemistry, the watershed approach : some uses and limitations, *Freshwater Res.*, 52, pp. 5-12, 2001.
- Likens, G. E. and Bormann, F. H. : Biogeochemistry of a forested ecosystem, Springer-Verlag, p. 159, 1995.
- Molina, M. J. and Rowland, F. S. : Stratospheric sink for chlorofluoromethanes: chlorine atom-catalyzed destruction of ozone, *Natutre*, 249, pp. 810-812, 1974.
- Murdoch, P. S. *et al.* : Relation of climate change to the acidification of surface waters by nitrogen deposition, *Environ. Sci. Technol.*, 32, pp. 1642-1647, 1998.
- Nakano, S. *et al.* : Potential fragmentation and loss of thermal habitats for charrs in the Japanese archipelago due to climate warming, *Freshwat. Biol.*, 36, pp. 711-722, 1996.
- Pilgrim, J. M. *et al.* : Stream temperature correlations with air temperature in Minnesota : Implications for climate warming, *J. Amer. Water Resources Assoc.*, 34, pp. 1109-1121, 1998.
- Reynolds, B. *et al.* : Variations in streamwater concentrations and nitrogen budgets over 10 years in a headwater catchment in mid-Wales, *J. Hydrol.*, 136, pp. 155-175, 1992.
- Schindler, D. W. *et al.* : Effects of climate warming on lakes of the central boreal forests, *Science*, 250, pp. 967-970, 1990.
- Schindler, D. W. *et al.* : The effects of climate warming on the properties of boreal lakes and streams at the experimental lakes area, *Limnol. Oceanogr.*, 41, pp. 1004-1017, 1996.
- Schindler, D. W. *et al.* : Consequences of climate warming and lake acidification for UV-B penetration in North American boreal lakes, *Nature*, 379, pp. 705-708, 1996.
- Schofield, C. L. : Acid precipitation : effects on fish, *Ambio*, 5, pp. 228-230, 1976.
- Sommaruga-Wograth, S. *et al.* : Temperature effects on the activity of remote alpine lakes, *Nature*, 387, pp. 64-67, 1997.
- Wright, R. F. and Schindler, D. W. : Interaction of acid rain and global changes : Effects on terrestrial and aquatic ecosystems, *Water, Air and Soil Pollution*, 85, pp. 89-99, 1995.
- Yan, N. D. *et al.* : Increased UV-B penetration in a lake owing to draught-induced acidification, *Nature*, 381, pp. 141-143, 1996.
- Web, B. W. : Climate change and thermal regime of rivers, Rep. Department of Environment, 1992.

3. 河川流送物質の量・質と自然的攪乱・人為的インパクト

(白川直樹,山本晃一)

3.1 概　説

　地球に存在する様々な物質循環/エネルギー循環の中で,陸地面において一定の方向に物質やエネルギーを輸送するという河川の役割は,ユニークかつ重要である.河川環境の特異さ(さらにそこから引き出される価値,それを守る意味)は,この性質に源を発するといえよう.本章では,河川の持つ物理的側面のうち「モノを運ぶ」機能に焦点をあてて自然的攪乱と人為的インパクトの様相を整理する.

　河川が運ぶものといえば,まずは水である.3.2では,水の動き,流量の変動について述べる.河川の流量は一様ではなく,時間・空間とともに変化する(これを流況と呼ぶ)が,この当然の事実も見る人の立場によって異なる意味を持つ.地域の洪水被害を防ぐ立場から重要なのは洪水ピーク流量とその継続時間であり,それらを小さく,短くできるような人為的インパクトが意図される.農業利水の立場からは,作付け/収穫計画に従って適切な季節に十分な水供給を得られることが重要であり,日本の大部分を占める水田灌漑地域では初期用水期にあたる5～6月の流量を増強するように流況操作が行われる.都市用水(特に生活用水)は,日々の水需要量の変動が小さく,渇水期の最小流量が主要関心事となるし,水力発電は,年総量とその安定性(年間を通して最大使用水量に近いことが望ましい)が収益性に直結する.この両者は1年(場合によっては複数年)を見通した流況調整を求める(これを「水資源開発」と呼んできた).ピーク対応の発電所では,1日の中で激しい流量

3. 河川流送物質の量・質と自然的攪乱・人為的インパクト

調整を行うケースも多い．

　レクリエーション利用や景観の観点からも流量変動を眺めることができる．ボートや釣り等の川遊びには，流量が時間的に安定することが望ましい．渓谷美や滝の迫力（から生み出される観光価値）を保つため，平日と土日で流量操作を変えている場所もある．また，水質改善（希釈）のため流域変更導水を行ったり，漁業資源保護のため，古くは山地で伐採した木材を下流に運ぶ流筏木の便を図るため，人為的な流量増強を行ったりもしてきた．

　人為的インパクトは，直接／間接に河川流量をコントロールする．直接とは，取水堰，ダム，分水路や放水路の築造および運用によるものである．それらは一般に流量変動の予見性を高め，自然の持つ流量変動は平滑化される方向に動くことが多い．しかし，逆に変動の激化を招くケースもある．平水時における需要対応操作（ピーク発電等）や出水逓減期のダム貯水放流等である．

　間接的に流況にインパクトを与える人為行為の多くは，流量操作を意図していない．少なくとも，流量操作が唯一の目的でない．森林の伐採／植林，河川周辺の都市化（土地被覆の不浸透化），護岸・堤防・床止め等の河川構造物等がそれである．中でも森林と河川流況の関係は，長らくこれに取り組んできた森林水文学や農業関係者，河川／砂防当事者の思惑を超えて，「緑のダム」というスローガンを伴って社会問題にまで発展しつつある．森林は水供給のためだけにあるわけではないし，社会的意思決定に自然科学レベルのみで結論を与えるわけにもいかないが，現実的な対処策は蓄積された科学的知見にのっとって立案されねばならない．水田（特に棚田）にも同じことがいえるが，数千年前から多かれ少なかれ自然には人間の手が入っており，完全な自然流況と人為的インパクトを分離することは現在では困難である．流量は日々変化するとともに年ごとの変動も大きい（雨の多い「豊水年」，雨の少ない「渇水年」）．流況の分析とは，そういった二重の変化を見せる流量変動の中から人為的インパクトを抽出するという，いわば「変化の変化の変化」を調べるまわりくどい作業である．自由に動く変数が多いため，議論の中で比較対象が混乱して何と何を比較しているのか紛れてしまうこともままある．森林の機能は，樹種や林齢等のほかローカルな気象条件や地理条件にも大きく左右されるので，他ケースへの適用には細心の注意を払う必要がある．

　河川流況の変化という問題は，従来，人間活動の立場からのみ捉えられてきたきらいがある．例えば水資源利用では，取水されずに河口から海へ流れ出る水は「無

駄に海へ捨てている，もったいない資源」と理解されてきた．いうまでもなく現在では，河道内や河口・汽水域の生物や土砂輸送をはじめとする水域環境を保全する重要な役割を担っている，と考えられている．また，水資源利用では，時間積分されたマス(量)が主たる関心事であって時々刻々の変動はそれほど重要でない．

「環境」という新目的が河川管理に登場した当初にも，それが意味した水質や空間利用の立場からは総量あるいは最小流量が関心の的であった．「維持流量」や「正常流量」の議論を支配してきたのも年間を通じて必要とされる一定流量の算出方法であった．非定常な流量現象が解析の対象となるのは洪水流くらいのものであった．「環境」の言葉自身，いまだ曖昧に使われてはいるものの(「治水」，「利水」以外すべて「環境」に含まれてしまうのが実態)，その含意するところは広がりを見せ，ようやく近年になって動植物や地形(土砂)や「健全な水循環」の立場から時間的な変動が注目されるようになりつつある．

さて，河川が運ぶのは水だけではない．3.3では，土砂，水温(エネルギー)，有機物・栄養塩，微量環境物質の流送を概観する．土砂は河川地形を規定する根本的要素であり，河口近辺の海岸地形にも本質的な影響を与える．水温は河川生物の生息場を支配する最も基本的な因子の一つである．日本では1950年代に発電ダムが下流の稲作に与える冷水害が問題とされ，社団法人河川水温調査会(後に水温調査会と改称)が組織されたのを機に河川水温の研究が一気に進んだという経緯がある．そのため，焦点はもっぱら貯水池の水温成層形成機構と下流への流達に伴う水温変化，それに水温上昇施設等に集中した．また，ここで推進された水温の研究は，稲の生長・収量と水温の関係や灌漑方式改善の研究を通じ，やがて水循環系全体の理解や水資源の有効利用といったテーマの発展に貢献していった．この功績は特記に値しよう．

3.2　流量の自然変動と人為的インパクトの影響

3.2.1　潜在的自然流況と自然的攪乱

現在，私たちが目にする河川の流量変動は，よほどの原始河川でない限り自然要因と人為的要因の複合から生じている．仮想的にこれらを分けてみよう．人為的影

3.2 流量の自然変動と人為的インパクトの影響

関係もなく，また他の利水需要とも全く独立して動くから，ダム操作も他の用途と必ずしも調和しない．発電ダムでは一日の中で激しい流量変動が見られることもあり，下流の河川環境に大きな影響を与えるほか，レクリエーション利用にも危害を及ぼす．

まとめると，ダム操作はその用途に応じて**表-3.1**のような流況変化をもたらす．

表-3.1 ダム用途と下流流況への影響

用途	影響を受ける流況要素	影　響
洪水調節	洪水ピーク流量（年最大流量等）	・ダムに貯留され，減る（図-3.6参照）．
	洪水頻度	・減る
	洪水逓減期流量	・ダムに貯留した洪水を放流するため，増える．
	洪水前の流量	・洪水に備えダムに空きをつくるため，増えることがある．
農業灌漑	灌漑期流量（日本では6～8月が中心）	・顕著な増加（ただし農業取水口まで）．図-3.5参照。 ・農業取水口より下流では減少（ただしダムがなくても同じ）．
	非灌漑期流量	・灌漑用水を確保するため，基本的に減る．
上水道/工業用水	渇水流量	・基本的に通年一定の水を要するため，ダムと取水点の間では渇水流量が増強される（もしくは不変）．取水点より下流では減る．
	豊水時流量	・豊水時の流量は渇水時補給のため貯留され減る．例えば融雪水． ・全体として，流量変動は平滑化される．
水力発電	平常時流量	・水路式・ダム水路式発電では減水区間が生じるが，ダム式では生じない．貯水池・調整池式発電では日々変動／日内変動が生じるが，流れ込み式では生じない．
	細かな変動	・調整池式では，日内需要変動に合わせて運転することがあり，24時間周期の激しい変動を見る．
レクリエーション	時間単位での流量変動	・釣りやボート等の活動では，急激な水位上昇は危険をもたらすので可能な限り平滑化が望ましい．
景観	夏季／昼間／休日の流量	・観光地では，訪問客の多い季節／時間帯に合わせて放流を行う．ダム，滝，渓谷等が対象．
舟運・揚水発電	影響なし	・舟運ダムは流量操作の必要がない． ・揚水式発電ではいったん水を貯めてしまえば基本的に管内を上下するだけで，流況は変化しない（はずである）．
流域変更	年総量等	・流域変更は農業用水，都市用水，発電用水で見られるが，取水河川の年総流量を減らし，排水（導水先）河川の流量を増やす．

47

ただしこれは定性的な一般論であり，ダム下流の点でどのような流量変動が現れるかは土地ごとの地理/地質条件に大きく左右される．その実例を次にいくつかあげる．

(2) ダム操作による流況変化

河川の流況を評価するのに現在よく使われる，豊水量(年間95番目日流量)，平水量(同185)，低水量(同275)，渇水量(同355)という指標は，明治時代の水力発電調査に起源を持つ．年間を通じ安定して発電できる量は渇水量に依存するが，貯水池の大型化や送電・配電技術の進歩が低水量や平水量までの発電使用を可能にした．この考え方は，都市用水等の水資源開発にも通用する．すなわち，渇水量は，その地点での利水可能量を示し，平水量や豊水量は水資源開発の可能性を示す量と捉えられる．よって，利水目的のダム操作は自然状態に比べて豊水量を減じ渇水量を増強する方向に働くと推定することができよう．なお，日本では超過日数を d として Qd の形で表現する(例えば豊水量は $Q95$)ことがあるが，外国では超過割合を x として Qx と表す(例えば，豊水量は $x=95/365=0.26$ だから $Q26$)のが普通なので注意が必要である．

まずはこの伝統的な指標を用いて日本の河川流況変化をマクロに見てみる．1970年を境にして日本全国に建設省が設置した流量観測点(305地点)のデータを整理し，大きい順番に並べて非超過割合90%，80%，…に相当する数値(流域面積100 km²当りの比流量)を比較したのが**表-3.2**である．1970年前に豊水量が7.60を超える地点は全国に10%しかなかった，というように読む．豊水，平水，低水いずれも1970年以後は以前に比べて流量が小さくなっているが，渇水量のみあまり変わっていない．平均流量は豊水量とほぼ等しく，やはり減少している．

この「豊平低渇」指標は基本的に利水指標であり，河川環境の攪乱を適切に表現できる保証はない．河川環境の観点からは，大規模攪乱として大洪水，大渇水，中規模攪乱として年数回程度の出水，日常的ストレスとして低水流量，渇水流量，そしてそれらの変化速度が重要と推測できる．ダム操作は，それらの要素をどの程度変化させているのだろうか．

ダム決壊等のごく稀なケースを除き，大洪水はダム操作により減少する．これを2つの側面から捉えることができる．一つはピーク流量の減少で，河川環境にとって最大外力の低下を意味する．もう一つはある流量に達する頻度の減少で，冠水等

3.2 流量の自然変動と人為的インパクトの影響

表-3.2 1970年前後の全国河川流況比較（単位：m³/s/100 km²）

非超過割合	豊水 前	豊水 後	平水 前	平水 後	低水 前	低水 後	渇水 前	渇水 後	平均 前	平均 後
(MAX)	16.40	14.27	9.16	8.85	5.90	6.82	4.20	4.68	14.60	11.34
90%	7.60	7.37	4.70	4.57	3.20	3.08	2.00	1.86	7.30	7.03
80%	6.49	6.42	3.90	3.71	2.50	2.43	1.50	1.48	6.46	6.10
70%	5.50	5.40	3.40	3.29	2.27	2.23	1.30	1.31	5.50	5.27
60%	5.00	4.80	3.05	2.91	2.08	1.96	1.10	1.12	4.74	4.70
50%	4.50	4.32	2.72	2.58	1.80	1.68	0.95	0.96	4.40	4.23
40%	4.00	3.89	2.45	2.28	1.57	1.48	0.80	0.81	4.00	3.83
30%	3.45	3.35	2.10	1.96	1.36	1.20	0.70	0.66	3.53	3.45
20%	2.86	2.80	1.64	1.63	1.04	1.00	0.50	0.51	3.00	2.89
10%	2.18	2.18	1.24	1.23	0.73	0.75	0.30	0.30	2.30	2.39
(MIN)	0.45	0.71	0.12	0.17	0.07	0.10	0.00	0.06	0.43	—

の攪乱頻度の低下を意味する．ある地点の洪水流量に及ぼすダムの影響は，ダムでの洪水貯留量と残流域からの流出量で決まる．たとえ上流に大きなダムがあっても残流域が広ければダムの影響は大きくならないし，複数のダムがある場合には各ダム操作の時間差が作用する．

いくつかの多目的ダムで，年最大流量がダム地点でどのように変えられているか表したのが図-3.6である(建設から1992年まで)．斜めの点線は流入量＝放流量を示し，これより右下は流入量＞放流量を意味する．鹿ノ子ダム(北海道)では毎年最大流量が50〜80％カットされているが，耶馬溪ダムではほとんど変わらないなど，場所による差は大きい．平均をとると，早明浦ダムでは45％カット，矢作ダムで39％，石手川で24％，釜房で19％カットとなっている．

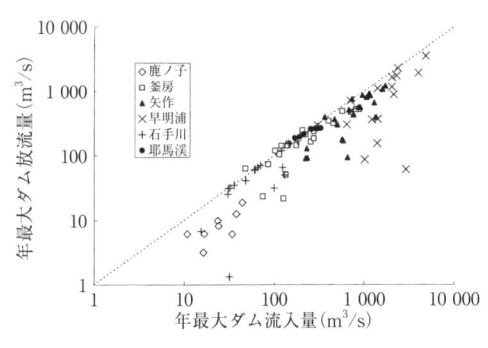

図-3.6 年最大流量のダム上下での比較

3. 河川流送物質の量・質と自然的攪乱・人為的インパクト

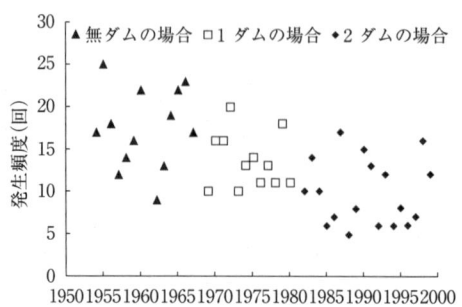

図-3.7 北上川明治橋地点における中小出水の発生頻度変化[Shirakawa et al.(2002)を改変]

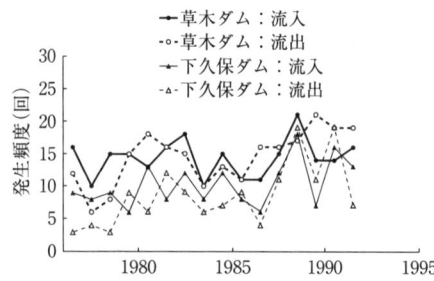

図-3.8 利根川2ダム(草木,下久保)におけるダム流入量と放流量[Shirakawa et al.(2002)を改変]

次に中規模攪乱の分析例を示す．図-3.7は北上川上流の明治橋観測所(流域面積2 185 km^2)で，四十四田ダム(1968年完成，流域面積1 196 km^2, 有効貯水量35.5百万m^3, 目的FP)と御所ダム(1981年完成，635 km^2, 45.0百万m^3, 目的FNWP)の建設とともに中規模出水の発生頻度がどう変わったか調べた結果である．ここでは中規模出水をダム建設前流況(自然状態)の超過確率16%という基準で定義した．超過確率16%は年間超過日数60日に相当する．ただし，四十四田ダムの上流には岩洞ダム(1960年完成，流域面積212.1 km^2, 有効貯水量46.3百万m^3, 目的AP)が存在するため完全な自然流況との比較にはなっていない．それでも年とともに出水頻度が減少していることが読み取れる．

時系列でなく，同じ年のダム流入量と放流量を利根川水系の2箇所で比較したのが図-3.8である．草木ダム(流域面積254 km^2, 有効貯水量50.5百万m^3, 目的FAPWI)の集水域(渡良瀬川)と下久保ダム(流域面積323 km^2, 有効貯水量120百万m^3, 目的FNWPI)の集水域(神流川)はともに秩父系の古生層を主体とするものの，内帯に属する渡良瀬川の水源域には花崗岩が分布し，流況はやや有利である(流域の水持ちが良く，渇水流量が小さくならない)．表-3.3のように平均流量は流域雨量の違いを反映して草木ダム流域で下久保ダムの約2倍となっているが，渇水量の差はそれよりさらに大きく約3倍，低水→平水→豊水と水準が上がるに従って両者の差が小さくなっていく．流量が少ない割に容量の大きい下久保ダムは流況調整能力に富んでいるが，図-3.8の中小出水の頻度変化には両ダムで大差がない．もう少し詳細に調べてみると，表-3.4のように両ダムの操作の違いは，ここで採用した超過確率16%より低い水準(40〜50%および80〜95%)に現れていた．

3.2 流量の自然変動と人為的インパクトの影響

表-3.3 草木ダムと下久保ダムの流入量比較(流量は流域面積 100 km² 当りの値, 1977〜92 年の平均値)

	流域面積 (km²)	有効貯水量 (百万m³)	最大 (百万m³)	豊水 (百万m³)	平水 (百万m³)	低水 (百万m³)	渇水 (百万m³)	平均 (百万m³)
草木	254	50.5	107.30	5.04	2.85	1.59	0.98	4.62
下久保	323	120	50.73	2.27	1.17	0.61	0.33	2.25
草木/下久保			2.1	2.2	2.4	2.6	3.0	2.1

　こういった事例と前述の一般論(**表-3.1**)から，次のようなパターンを想定することができよう．まず，利水面において最もウェイトの大きいのは洋の東西を問わず農業用水だが，水田灌漑を主体とする日本では5月後半から7月前半あたりが水利用期となる．これに加えて治水面では，多目的ダムの夏期制限水位が始まる7月に向けて6月はダム貯水池水位を落とす時期となり，放流量は流入量より大きくなる．こうして治水・利水の両面から6月は流量増強がなされる．この時期の水需要に対応するため，5月中はできるだけダム貯水量を増やしておくことが望ましく，5月の放流量は小さくされる．融雪水の豊富な流域では，この貯水は3月から4月の流量で賄われるが，そうでない流域では前年秋季から貯水量の回復に努めなくて

表-3.4 流量操作水準の比較

非超過割合 (%)	草木ダム			下久保ダム		
	流入量 (m³/s)	放流量 (m³/s)	変化率 (%)	流入量 (m³/s)	放流量 (m³/s)	変化率 (%)
10	21.99	23.85	8.5	13.78	12.97	−5.9
20	15.05	17.80	18.3	8.54	10.30	20.6
30	11.32	11.75	3.8	6.11	6.50	6.4
40	9.08	8.85	−2.5	4.61	3.00	−34.9
50	7.14	6.55	−8.3	3.60	2.36	−34.4
60	5.71	4.86	−14.9	2.78	2.33	−16.2
70	4.49	4.00	−10.9	2.16	2.03	−6.0
80	3.54	3.25	−8.2	1.72	1.93	12.2
90	2.79	2.42	−13.3	1.34	1.41	5.2
95	2.48	1.74	−29.8	1.12	1.13	0.9

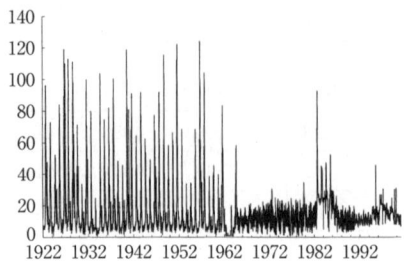

図-3.9 グレンキャニオンダム建設(1962)前後の Lees Ferry 地点の流況変化(USGS データサイトより)[縦軸の単位は 10^3 cfs(1 m^3/s = 35.3 cfs)]

はならない．台風期の出水は，集水面積に比して十分大きな容量を持つダム(下久保等)では貯め込んで有効利用を図ることもできるが，日本の多くのダムは大きさが足りないゆえに30%程度のピークカットを行うくらいにとどまらざるを得ず，水資源としての利用率は高くない．大陸の大ダムでは図-3.9のように極端な調節を行うことも可能であり，事情の違いは明白である．

利水を目的としてダムで調節された流量は，平野に出て水利用地近くに達したところで取水される．水資源開発事業のほとんどは，ダムと取水堰がセットで計画・運用される．この時，ダムと取水堰の間では上記のような流況変化が起き，取水堰下流では減水が生じる(いわゆる水資源開発の場合，渇水時の流量には変化を与えないことも多い)．下流の減水も広くいってダムの影響と捉えることができる．

(3) 取水-排水系による流況変化

取水はその地点より下流の流量を減少させ，排水は増加させる．ただし，取水-排水系を一体として見た場合，排水点より下流の流量は取水以前とあまり変わらない．というのも人間の水利用は生活用水にしろ工業用水にしろ取水した水を本当の意味で消費することは少なく，水は量で見ると巡り巡っているだけであって，水温，動力，洗浄等その質を利用して人間活動が営まれているのである．農業用水はやや異質なところがあり，一定の部分が蒸発散により失われる(いわゆる「消費」される)ほか，水路や圃場での地下浸透はいずれ河川に帰るとはいうものの水循環経路を変質させる．圃場整備や水路のライニングは，さらに違った影響を与える．

もう一つ，取水河川と排水河川が異なる場合も考えておかねばならない．いわゆる流域変更と呼ばれるもので，取水河川にははるか下流まで減水のインパクトを与え，排水河川には増水のインパクトを与える．流域変更は，もっぱら利水秩序や取水権の保護といった人文社会上の問題点が大きく，特に国際河川の水資源開発に関連して海外でも膨大な議論が積み重ねられてきているが，自然環境へのインパクトという側面も近年では事業の成否を左右する重要な要素とみなされるようになって

3. 河川流送物質の量・質と自然的攪乱・人為的インパクト

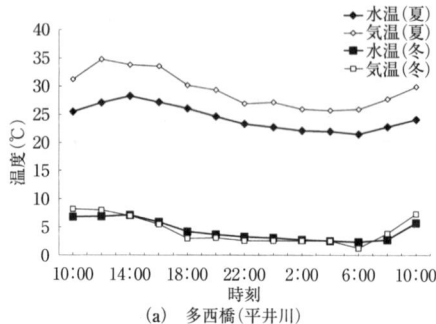

(a) 多西橋 (平井川)

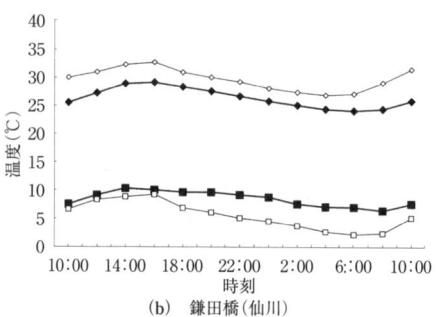

(b) 鎌田橋 (仙川)

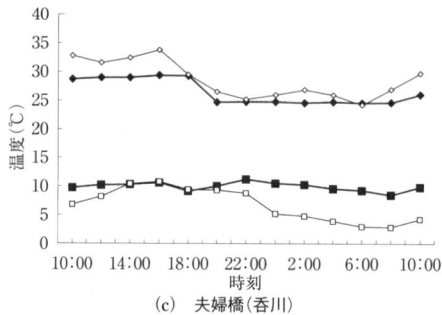

(c) 夫婦橋 (呑川)

図-3.14 東京都の3河川における水温と気温の日周変化 [東京都環境保全局 (1995) より] 作図]

定性的には曇りの日に水温が極大を示す [新井ほか (1964)].

日スケールでは気温変化とのずれが大きく現れ, 最高水温は 15～17 時, 最低水温は 6～9 時に現れる [西沢 (1962)]. ただし融雪期には最高水温が 18 時以降に現れることがあり, それを知る農民が意識的に夜中に引水する慣行もあったという [森田 (1967)].

東京都の小河川における水温変化の例を図-3.14 に示す. いずれも東京都環境保全局が 1995 年の 8 月上旬および 2 月上旬に測定した値である (平成 7 年度『公共用水域及び地下水の水質測定結果』). 平井川は比較的自然のよく残された多摩地区の河川, 仙川は多摩川中流の都市化地域を流れる河川, 呑川は東京城南の小規模都市河川である. 水温は気温に比べ日較差・年内較差ともに小さく, 流域の都市化が進むに従い下水放流水等の影響で気温変化に対する応答が鈍くなっているが, おおよそ気温より 1～3 時間遅れて推移していることが読み取れる. 河川間の差は夏より冬に顕著で, 自然河川は気温によく反応して推移しているのに対し都市河川では 1 日中高い水温が維持されている.

(2) 縦断分布

河川水温は, 表-3.5 [Walling and Webb (1992)] のように日照, 気温, 流入水等

3.3 河川流送物質の動態と人為的インパクト

によるエネルギー収支と,それを受ける水量(流量)のバランスで形成される.これに作用する要素は,**表-3.6**のようにまとめることができる[Poole and Berman (2001)].

上流は森林や渓谷等で日射の到達は少なく,水源水温の影響が強く残る.水源の

表-3.5 河川水温を形成する熱収支要素[Walling and Webb(1992)]

Inputs	Gains/Losses	Outputs
・太陽からの短波放射	・対　　流	・日射の反射
・大気からの長波放射	・大気との伝導	・大気放射の反射
・森林からの長波放射	・河床や河岸との伝導	・森林放射の反射
・凝　　結		・水表面からの放射
・降　　水		・蒸 発 熱
・地下水からの流入水		・蒸発水による移流
・上流からの流入水		・下流への流出水
・支流からの流入水		

表-3.6 河川水温を決定する自然・人為要因[Poole and Berman(2001)よりまとめ]

水温に直接作用する自然要因(drivers)	driversに対する反応を左右する河道構造要因とその作用先		人為的インパクトとその影響
・地形による陰 ・植　生 ・降　水 ・気　温 ・風　速 ・太陽の天頂角 ・雲　量 ・相対湿度 ・地下水温度 ・地下水流量 ・支流水温 ・支流流量	河床勾配 河床材料 流路幅 河床地形 河道形 河畔植生 河畔減幅 地下水帯	→流　量 →地下水との交換 河床粗度 →大気との熱交換 →伏 流 量 →伏 流 量 日　陰 →日射の遮蔽 風　速 移　流 対　流 河岸の安定性 →伏 流 量 →伏 流 量 河床温度	ダ　ム: 成層した貯水池からの放流水温.放流量減→熱容量減/伏流水減.土砂輸送阻害→河道地形変化→伏流水減.
			取水/排水: 熱容量減.排水温.井戸水揚水→地下水/伏流水減.
			河道整正: 浸透減→地下水減→基底流量減.河道形単純化→伏流水減.浚渫→氾濫減→地下水流断絶.
			土地利用変化: 土砂流入増→河道浅化/幅広化→大気との熱交換増.河床アーマー化→河床熱交換減.基底流量減→地形変化.地下水温変化.
			河畔植生伐採: 日射遮蔽減.水面付近大気の保持減.河岸の不安定化→土砂供給増.倒流木減→河道地形変化.

多くを占める地下水は，1年を通じて温度変化が小さく，その地点の年平均気温とおよそ等しいといわれている．また，河床や河岸がコンクリート等で固められていなければ，水が河川と地中域を行き来する間に温度変化は吸収される[Poole and Berman(2001)]．ただし，水量が小さいため温度変化は容易で，小さい熱エネルギーでも水温変化は大きい．この相反する性質から，日較差，年較差は，上流の方が大きい場合もあれば小さい場合もある．神流川上流の27地点における観測では，5月には本流の水温が13.6〜21.2℃だったのに対して，合流直前の支流では12.1〜19.2℃で平均3℃，最大6℃低かったが，7月には本流の水温17.9〜25.8℃に対し，支流では16.5〜23.9℃とやや低かったものの，支流の方が高い地点も6箇所あった[山辺(1968)]．神流川支流のから沢では，支流群(平均流量0.05〜0.18 m³/s)は本流(平均流量4.83 m³/s)に比べ7〜8月の水温が2〜3℃低くて12〜1月の水温が1〜3℃高く，年較差にして5℃の違いがでた[山辺(1971)]．

渡良瀬川支流桐生川での観測(夏季の日中)では，10 km流下する間に2〜5℃ほどの水温上昇が見られた[小葉竹ら(1995)]．**図-3.15**がそれで，図右端のダム直下(10 km地点)から始まって横軸の8 kmと6 km地点近辺で支流合流による水温低下が見られる．この例では単純な混合計算で水温低下量を推定できた．

より大スケールの水温縦断分布調査は，1930年10月から1年間，千曲川で三沢勝衛が企画してほぼ7〜9時に揃えて観測を行い，1931年の海洋時報に発表したものを嚆矢とする[西沢(1962)]．これを整理して**図-3.16**に示す．70 km付近の点

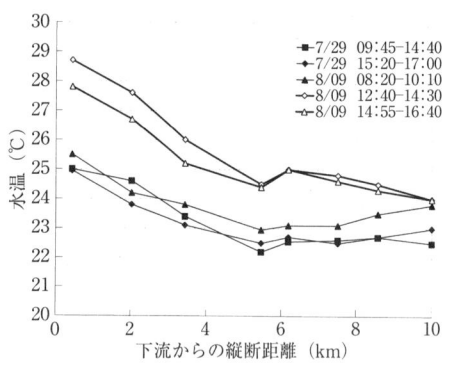

図-3.15 桐生川での縦断方向温度変化[小葉竹ほか(1995)より作成]

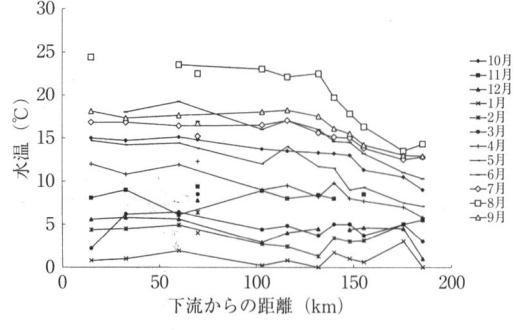

図-3.16 千曲川の水温の縦断変化[1930〜31年．三沢(1931)から西沢(1962)が整理]

3.3 河川流送物質の動態と人為的インパクト

は合流直前の大支流犀川のデータで本流に比べ冬(11〜4月)に暖かく，夏(6〜9月)に冷たい．全体として上流ほど年較差が小さく，夏には流下に伴う昇温がはっきり見られるものの，130 km 付近(佐久盆地)から下流はほぼ横這いである．

現在では，定期的な河川水質調査時に水温が測定されるようになっており，国土交通省の『水質年表』を参照すれば全国河川の水温を把握することができる．東北地方を代表する5つの大河川で夏の日(1999年8月上旬)の午前1時から6時間おき(地点によって1時間程度の前後はある)に計測された縦断方向の水温分布を図-3.17 に整理した．それぞれ下流に向けての昇温傾向が見られるが，特に支川合流

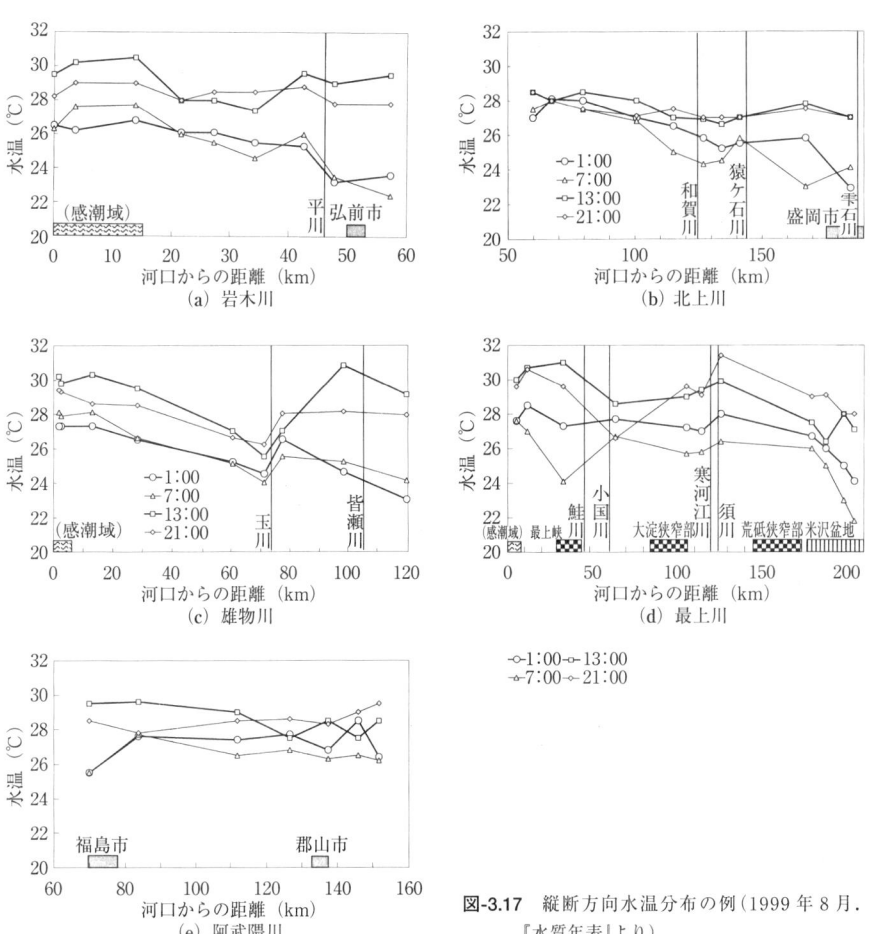

図-3.17 縦断方向水温分布の例(1999年8月．『水質年表』より)

部で変化が大きい．岩木川では平川（浅瀬石川）の合流で水温が上がっているが，雄物川では玉川の合流で水温が低下している．玉川は上流に玉川ダム，鎧畑ダムのほか田沢湖を持ち本流に比べて水温の変動幅が小さいために，5月から9月は合流によって本流の水温を下げ，10月から4月は逆に上げる働きをしているようである．図から読み取れる水温の上昇率は，岩木川で約3℃/50 km，雄物川で約3℃/70 km，北上川で約4℃/120 km となっている．最上川は米沢盆地の約30 kmで最大4℃上昇しているが，それより下流では須川や寒河江川の合流（120 km前後）もあり1～2℃/180 kmの上昇にとどまっている．また阿武隈川ではほとんど上昇が見られない．

範囲を全国に，期間を通年に広げ，縦断分布を見たのが図-3.18である．紀ノ川では各月とも50 kmで約3℃の水温上昇が見られる（最下流には気温変化の影響がある．下流2地点のみ午後2時頃，他は午前10時頃の観測）．大淀川は上流の都城市近辺で昇温しているが，あとはほぼ一定で推移している．富士川では笛吹川の合流する甲府盆地に急変点が見られる．天竜川（平岡ダムより上流）では水温変化がほとんど見られない．筑後川では下流に行くほど年較差が大きくなる傾向が明確で，玖珠川の合流する日田盆地で変化がやや大きい．信濃川も下流ほど年較差がわずかに大きいが，犀川合流や魚野川合流（および新小千谷発電所の放流）に伴う変化らしきものが見える．

都市域では下水の流入が水温に寄与する割合も高い．荒川下流部での観測（夏季，48時間）では水温が20～23℃の範囲で変動しているのに対し，下水処理水は25.6～25.8℃となっている［木内ほか（2000）］．また多摩川中流部の計測では本川水温が4.4℃（冬）～25.3℃（夏）なのに対して下水処理水は16.5℃（冬）～26.1℃（夏）と高く，特に冬季において差が大きい．合流直後の本川水温は13.9℃（冬）にまで上がっている．図-3.19は多摩川の観測データ（東京都，1995年度）であるが，夏季に気温より低く冬季に高い傾向に加えて，40～50 kmあたりの区間でどの季節にも急な温度上昇を見る．図-3.11で見たようにこの区間は減水後の下水処理水放流点にあたり，春季にはここを境に上流と下流とで気温との関係が逆転している．

ところで，下水処理水の持つ熱は，エネルギー源として注目されている．下水廃熱は都市廃熱の中でも回収しやすい形のエネルギーであり，未利用エネルギーの有効活用という位置付けから利用が奨励されている．下水水温と気温の温度差は，冬季には10℃以上になることも多く，地域冷暖房や融雪施設等に適した資源として

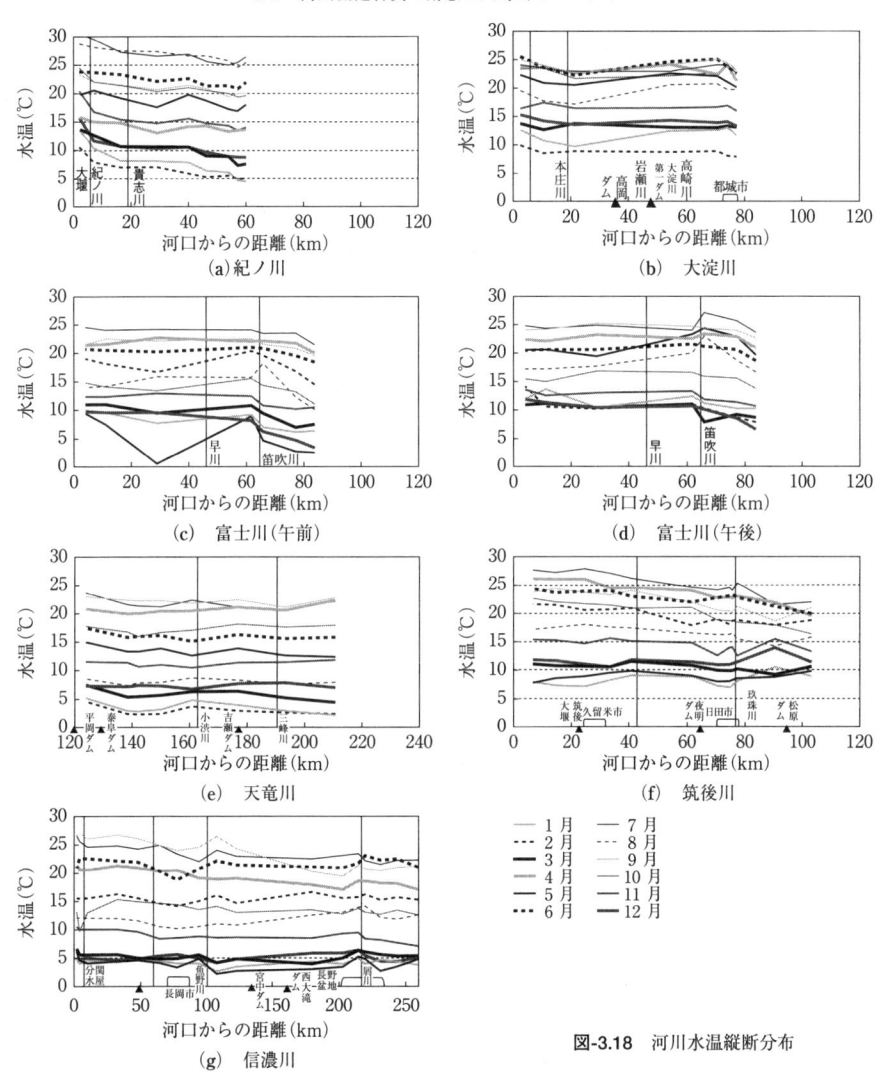

3.3 河川流送物質の動態と人為的インパクト

図-3.18 河川水温縦断分布

相当なスピードで普及しつつある．下水廃熱の利用は，河川に放流される排水の低温化を意味するので，河川水温に与える人為的インパクトを緩和する結果をもたらすだろう．

下水廃熱の利用が河川水温への影響を低下させるのに対し，最近では河川水そのものの熱エネルギーを利用しようという動きもある．この場合，水温と気温の温度

3.3 河川流送物質の動態と人為的インパクト

れている．また，鉛やヒ素，カドミウムといった重金属は工業製品に利用され人々の生活の中に入りこんでいるため対応が容易でない．水銀等は古代から利用され，鉱山で中毒者が続出した状況が日本書紀や古事記の神話に影を落としているとの説もあるくらい古くから生活に密着しており，減らしたり無くしたりすることが難しい物質である．これらの発生源には，各物質を扱って操業中の工場やその跡地のほか，洗剤等の家庭用品，食品添加物，殺虫剤や除草剤等の農薬，自動車等の機械類，最終処分場等がある．これらは直接河川に流出するだけでなく，地下水を介して表流水に出てくることもあり，その場合には汚染が表面化するまでのリードタイムが長く対策の効果もすぐには現れない．また，一時大気に放出されたものが沈降あるいは降雨時に地面に達し河川に流出する割合も大きい．特に降雨初期の表面流出は高濃度の汚濁物質を含む．

　最近になって関心が高まってきたものとして，消化管寄生原虫クリプトスポリジウムによる水道水源汚染，病原性大腸菌O-157，内分泌攪乱化学物質（環境ホルモン），ダイオキシン類等がある．クリプトスポリジウムは牛，豚等の家畜や犬，ネズミ等の寄生虫であり畜産業から出る排水が危険だが，感染者からの排出もありうるため下水処理水にも注意が必要である．ダイオキシン類は，ごみ焼却施設や不法投棄された産業廃棄物等からの溶出で広まることが多い．

　厳密には微量物質と呼べないが，日本の所々に強酸性河川が存在する．流域の火山性地質による自然のものもあれば，温泉や鉱山等の人間活動に起因するものもある．これらを支流に持つ河川では，合流地点でpHが急変することになる．

3. 河川流送物質の量・質と自然的攪乱・人為的インパクト

参考文献

- 浅井辰郎：大気熱を白糸に探る，水温の研究，第6巻，第5号，pp. 215-218, 1963.
- 芦田和男，奥村武信：ダム堆砂に関する研究，京都大学防災研究所年報，第17号，pp. 555-570, 1974.
- 新井正，古藤田一雄，立石由已，西沢利栄，羽田野孝通，本多修：融雪期の河川水温について，水温の研究，第7巻，第6号，pp. 278-283, 1964.
- 新井正：人為に伴う多摩川の水文現象の変化について，立正大学人文研年報，12, pp. 23-32, 1970.
- 石井正典：森林の渇水緩和機能についての研究(Ⅲ)―米代川水系小又川の夏期の流況について―，水利科学，No. 248(Vol. 43-3), pp. 18-36, 水利科学研究所, 1998.
- 茨城県生活環境部霞ヶ浦対策課：霞ヶ浦学入門，p. 268, 2001.
- 岩熊敏夫：湖を読む，p. 151, 岩波書店, 1994.
- 河川環境管理財団：河川における水質環境向上のための総合対策に関する研究，河川整備基金事業報告書, p. 214, 2001.
- 河川環境管理財団：第3回相模川水系土砂管理懇談会資料, 2002.
- 河川水温調査会研究部：新日向川発電所建設に伴う水温変化に関する調査報告, 水温の研究, 第7巻, 第6号, pp. 252-257, 1964.
- 河川水温調査会研究部：上下混和によるダム水温上昇実験(その2), 水温の研究, 第13巻, 第4号, pp. 1870-1876, 1969.
- 河川水温調査会研究部，東京農工大学水利研究室，農業技術研究所鴻巣分室：破間川の融雪冷水害に関する報告, 水温の研究, 第9巻, 第3号, pp. 697-703, 1965.
- 金崎肇：冷たい水道の水, 水温の研究, 第11巻, 第3号, p. 1257, 1967.
- 環境情報科学センター編：環境アセスメントの技術, 中央法規, p. 1018, 1999.
- 木内豪, 河原能久, 末次忠司, 小林裕明：都市河川感潮域における水熱エネルギー利用が河川水温に与える影響に関する研究, 水工学論文集, 44, pp. 1017-1022, 2000.
- 吉良八郎：日本における貯水池の補足率と土砂収支, 農業土木学会論文集, (78), 1978.
- 蔵治光一郎：森林の緑のダム機能(水源涵養機能)とその強化に向けて, p. 76, 日本治山治水協会, 2003.
- 建設省河川局編：流量年表, 日本河川協会.
- 建設省河川局開発課監修：多目的ダム管理年報, 中国建設弘済会.
- 建設省河川局開発課, 土木研究所水工水資源研究室：ダム貯水池の土砂管理に関する研究, 第53回建設省技術研究会報告, 土木研究センター, 2000.
- 建設省河川局河川計画課：主要河川流況表(昭和13～45年), p. 253, 1973.
- 建設省中国地方建設局：斐伊川史, pp. 162-136, 1995.
- 小泉明, 山﨑公子：下水処理場放流水の汚濁負荷量と河川水質との関連分析―多摩川流域におけるケーススタディ―, 環境システム研究, Vol. 26, pp. 157-163, 1998.
- 小出博：日本の河川―自然史と社会史―, p. 248, 東京大学出版会, 1970.
- 小出博：日本の河川研究―地域性と個別性―, p. 377, 東京大学出版会, 1972.
- 小出博：日本の国土(上), 東京大学出版会, pp. 59-70, 1973.
- 国土交通省河川局編：水質年表, 関東建設弘済会.
- 小葉竹重機, 早954文香, 塩田挙久, 堀井晃男：河川水温の形成過程に関する観測研究, 水工学論文集, 39, pp. 147-152, 1995.
- 近藤純正：水環境の気象学, p. 350, 朝倉書店, 1994.
- 宗宮功編著：琵琶湖―その環境と水質形成, 技報堂出版, p. 258, 2000.

参考文献

- 高瀬恵次：流域水循環と農林地の機能，水利科学，No. 252(Vol. 44-1)，pp. 18-41，水利科学研究所，2000.
- 多摩川誌編集委員会：多摩川誌，河川環境管理財団，p. 1992，1986.
- 東京工業大学工学部水工研究室：貯水池内の水の挙動に関する研究—草木ダムによる渡良瀬川の水質変化の予想—，水資源開発公団草木ダム建設所委託研究報告書，p. 146，1970.
- 東京都環境保全局：公共用水域水質測定結果(平成9年度)，1997.
- 土木学会編：水理公式集(昭和60年版)，1985.
- 新沢嘉芽統：河川水利調整論，p. 511，岩波書店，1962.
- 西沢利栄：河川の水温—主として日本における研究の展望(3)—，水温の研究，第6巻第4号，pp. 149-155，1962.
- 日本ダム協会：ダム年鑑2001，p. 1543，2001.
- 野村拓生，安藤義久：森林状態が山地流域の水循環に与える影響．水利科学，No. 233(Vol. 40-6)，pp. 30-44，水利科学研究所，1997.
- 長谷川力：本邦における積雪地域と無積雪地域の河川水温の特性．水温の研究，第12巻，第4号，pp. 1596-1602，1968.
- 服部重昭，志水俊夫，荒木誠，小杉賢一朗，竹内郁雄：森林の水源かん養機能に関する研究の現状と機能の維持・向上のための森林整備のあり方(Ⅰ)—渇水地域上流森林整備指針策定調査報告—，水利科学，No. 260(Vol. 45-3)，pp. 1-40，水利科学研究所，2001.
- 服部重昭，志水俊夫，荒木誠，小杉賢一朗，竹内郁雄：森林の水源かん養機能に関する研究の現状と機能の維持・向上のための森林整備のあり方(Ⅱ)—渇水地域上流森林整備指針策定調査報告—，水利科学，No. 261(Vol. 45-4)，pp. 48-74，水利科学研究所，2001.
- 藤田光一，山本晃一，赤堀安宏：勾配・河床材料の急変点を持つ沖積河道縦断形の形成機構と縦断変化予測，土木学会論文集，No. 600/Ⅱ-44，pp. 37-50，1998.
- ホアン＝グアンウェイ，玉井信行：Stream Temperature Modeling and its Application to Oppegawa，第4回河道の水理と河川環境に関するシンポジウム論文集，pp. 243-248，1998.
- 虫明功臣，高橋裕，安藤義久：日本の山地河川の流況に及ぼす流域の地質の効果，土木学会論文報告集，309，pp. 51-62，1981.
- 森田浩：日本における河川水温研究の概観と問題点．水温の研究，第11巻第4号，pp. 1298-1307，1967.
- 山辺功二：神流川上流域における流量と水温の観測結果，水温の研究，第12巻第3号，pp. 1542-1547，1968.
- 山下孝光，楠田哲也，井村秀文：都市における下水廃熱の利用可能性に関する研究，環境システム研究，19，pp. 76-82，1991.
- 山辺功二：水流の水理幾何についての一考察，水温の研究，第15巻，第2号，pp. 2379-2385，1971.
- 山本晃一，長沼宏一，渡辺明英，大森徹治：鶴見川河口部の土砂堆積と浚渫計画，建設省関東地方建設局京浜工事事務所，1993.
- 吉田弘，端野道夫：森林整備と水源かん養機能の関係について—河川工学・水資源工学の立場から—，水利科学，No. 248(Vol. 43-3)，pp. 1-17，水利科学研究所，1999.
- 和田英太郎，安成哲三編：水・物質循環系の変化，岩波講座地球環境学4，p. 348，岩波書店，1999.

- Brune, G. M. : Trap efficiency in reservoirs, *Tran. A. G. U.*, 34(3), 1953.
- Cassidy, R. A. : Water Temperature, Dissolved Oxygen, and Turbidity Control in Reservoir Releases, in Alternatives in Regulated River Management(Eds. Gore, J. A. and Petts, G. E.), pp. 28-62, CRC

3. 河川流送物質の量・質と自然的攪乱・人為的インパクト

Press, 1989.
- Collier, M., Webb, R. H. & Schmidt, J. C. : Dams and Rivers-A Primer on the Downstream Effects of Dams, U. S. Geological Survey Circular, 1126, p. 94, 1996.
- Findlay, S. : Importance of surface-subsurface exchange in stream ecosystems : The hyporheic zone, *Limnology and Oceanography*, 40(1), pp. 159-164, 1995.
- Mellina, E., Moore, R. D., Hinch, S. G., Macdonald, J. S. and Pearsoncl, G. : Stream temperature responses to clearcut logging in British Columbia : the moderating influences of ground water and headwater lakes, *Can. J. Fish. Aquat. Sci.*, 59, pp. 1886-1900, 2002.
- Poole, G. C. and Beran, C. H. : (2001) An Ecological Perspective on In-Stream Temperature : Natural Heat Dynamics and Mechanisms of Human-Caused Thermal Degradation, *Environmental Management*, Vol. 27, No. 6, pp. 787-802. 2001.
- Richter, B. D., Baumgartner, J. V., Wigington, R. & Braun, D. P. : How much water does a river need? , Freshwater Biology, 37, pp. 231-249, 1997.
- Shirakawa, N., Tamai, N. & Phouthone, S. : Change of occurrence of ecological flushing discharge by multiple purpose dams and economic evaluation of re-regulation. Proceedings of Environmental Flows for River Systems, 4th International Ecohydraulics Symposium, 2002.
- Sinokrot, B. A. and Stefan, H. G. : Stream Temperature Dynamics : Measurements and Modeling, *Water Resources Research*, Vol. 29, No. 7, pp. 2299-2312, 1993.
- Stanford, J. A. and Ward, J. V. : An ecosystem perspective of alluvial rivers : connectivity and the hyporheic corridor, *Journal of North American Benthological Society*, 12(1), pp. 48-60, 1993.
- Tharme, R : An overview of environmental flow methodologies,with particular reference to South Africa. In : Environmental Flow Assessments for Rivers : Manual for the Building Block Methodology (Eds. King, J. M., Tharme, R. E. & de Villiers, M. S.), WRC Report, No : TT 131/00, pp. 15-40. Water Research Commission, Pretoria, 2000.
- Walling, D. E. and Webb, B. W. : Water Quality I. Physical Characteristics, The Rivers Handbook Volume 1 ((Ed. Peter Calow and Geoffrey E. Petts), pp. 48-72, Blackwell Scientific Publications, 1992.
- World Commission on Dams : Dams and Development-A new framework for decision making-, The Report of the World Commission on Dams, Earthscan Publications Ltd., p. 404, 2000.
- Yoshikawa, T. : Denudation and tectonic movement in contemporary　Japan, *Bull. Dept. Geogr. Univ. Tokyo*, 6, pp. 1-14, 1974.

4. 生態系基盤としての河川地形に及ぼす自然的攪乱・人為的インパクトとその応答

(山本晃一)

4.1 概　　説

4.1.1 河川地形システムの捉え方

　河川は，流水とそれを流下させる器である河床と河岸からなる．河川を流下する水は，主として降雨によってもたらされ，その降雨の集水範囲を流域という．河川・流域の地形(景観)は，主に内的営力による地殻変動，外的営力である降雨，地下水，風，熱等による物理的・化学的風化作用による山地の解体，流水による侵食・運搬・堆積という自然の作用と人間社会の労働・生活活動に伴う人為的作用により絶えず変化しつつあるものである．

　河川・流域の地形が生物の絶対的存続基盤であることより，河川・流域地形システムは，河川生態系システム記述の土台となるものである．

　河川・流域の地形は，種々のスケールの地形単位が組織化されたものであるので，ここでは，大，中，小の３つのスケール地形単位に系を階層化し，小さい階層の系では大きい階層の系を仮に固定的な境界条件として，その内部の種々の特徴や変化を規定する主要因子を用いて記述していくことにする．なお，大スケールは，流域スケールの地形スケールであり，河道の水系網や河道縦断形形状等である．中スケールは，セグメント(4.2.1参照)からリーチスケールの地形であり，蛇行形状，川幅等である．小スケールは，水深の10倍程度以下の地形スケールであり，小規

4. 生態系基盤としての河川地形に及ぼす自然的攪乱・人為的インパクトとその応答

模河床波等の微地形である．

例えば，大スケールの河川地形として河系模様(流域における河川水路のパターン)をとれば，これを規定する支配因子として上流域の地質(岩質)，地殻変動，気候変化(植生)をとり，これに従属する植生，土壌，生産土砂の量と質，降雨・降雪，気温，海水面変化等を媒介として記述するが，沖積地を流れる河川(以下，沖

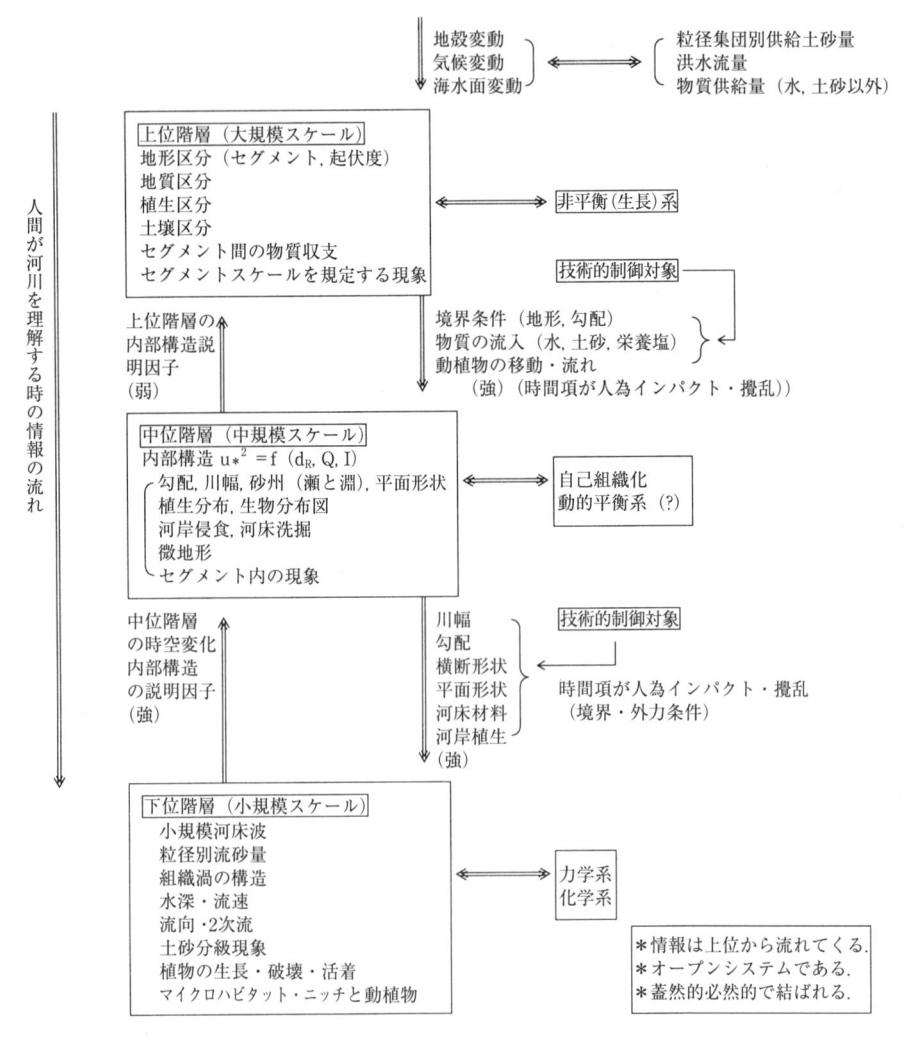

```
                              地殻変動        ┌ 粒径集団別供給土砂量
                              気候変動  ⇔   ┤ 洪水流量
                              海水面変動      └ 物質供給量（水，土砂以外）

┌ 上位階層（大規模スケール）
│   地形区分（セグメント，起伏度）
│   地質区分
│   植生区分                              ⇔   非平衡(生長)系
│   土壌区分
│   セグメント間の物質収支
│   セグメントスケールを規定する現象
└                                              技術的制御対象
  上位階層の        境界条件（地形，勾配）    ┐
  内部構造説        物質の流入（水，土砂，栄養塩）├
  明因子            動植物の移動・流れ            ┘
  (弱)                (強)（時間項が人為インパクト・攪乱)）

┌ 中位階層（中規模スケール）
│   内部構造 u*² = f (d_R, Q, I)
│     勾配, 川幅, 砂州（瀬と淵）, 平面形状
│     植生分布, 生物分布図                 ⇔   自己組織化
│     河岸侵食, 河床洗掘                         動的平衡系 (?)
│     微地形
│     セグメント内の現象
└
  中位階層         川幅                技術的制御対象
  の時空変化       勾配
  内部構造         横断形状     ⇐
  の説明因子       平面形状          時間項が人為インパクト・攪乱
  (強)             河床材料            （境界・外力条件）
                   河岸植生
                      (強)

┌ 下位階層（小規模スケール）
│   小規模河床波
│   粒径別流砂量
│   組織渦の構造                            ⇔   力学系
│   水深・流速                                   化学系
│   流向・2次流
│   土砂分級現象                                ＊情報は上位から流れてくる．
│   植物の生長・破壊・活着                       ＊オープンシステムである．
│   マイクロハビタット・ニッチと動植物          ＊蓋然的必然的で結ばれる．
└
```

図-4.1　河川地形(大・中・小)を理解・未来予測するための階層間の情報の流れ

る．通常 1〜2 mm 程度となることが多い．勾配の急変点が明確でない場合は，2.0 mm を区分粒径と仮設定する．

④ A′集団と A″集団の区分粒径は，粒径加積曲線上で勾配の急変点として評価しうることが多いが，細粒分の多い河床材料の場合，勾配の急変点が明確でないことがある．この場合は，澪筋部の表層材料の粒度分布（ほぼ C 集団と A′集団からなることが多い．線格子法（線格子法）による表層材料の調査により簡単に粒度分布を測定しうる）から判断するか，粒径が 2 mm 以上であれば，同じような土砂の移動形態を持つものは，最大と最小の比で 7〜8 程度であるので，C 集団と A′集団の区分粒径の 8 分の 1 程度の粒径を A′集団と A″集団の区分粒径とする．

⑤ A′集団と A″集団の区分粒径と B 集団の最大粒径の比 γ が 8〜10 程度であれば，A′集団と A″集団の区分粒径と B 集団の最大粒径の間の材料を A″集団とする．γ が 15 を超えている場合は，下流のセグメントの粒度分布形を参照しながら A′集団と A″集団の区分粒径と B 集団の最大粒径の間の粒径成分を最大と最小の粒径比で 8 程度となるように再区分し，大きな集団から A″，A‴集団とする．

⑥ 最後に対象河川の各小セグメントの区分粒径が，上下流で一致するように区分粒径を微調整する．

⑦ こうするのは，河川の土砂収支の検討，河床変動計算等において，粒径集団の移動量の収支や河川で生じる種々の現象解釈することが，工学的に有益であり実用的であるからである．

粒径集団が形成される要因としては，土砂供給源における岩石の風化プロセスにおける不連続風化が主因である［小出（1973a）］が，流水による分級プロセスによっても粒径集団が形成される．A″集団等は生産土砂量の多い A′集団と流水に対して異なった動きをすることにより形成される集団であり，通常は大セグメントの主モードの材料となれるだけの供給量がなく，大粒径集団のマトリックス，あるいは砂州の頂部付近堆積物として堆積してしまう．なお，流下土砂は，流下過程においても磨耗・砕破が生じるが，流下方向の河床材料の粒度分布への影響度は沖積地においては大きなものでない［山本（1994）］．山間部においても勾配が 1/50 以下では二次的であると考えられる（実証的に確認されていない）．

④，⑤における 8 という数字は，混合粒径河床材料での移動床実験結果（山本

4.2 流域(大)スケールの河川地形とその変化

(1994)］，河床材料の粒度分布形より定めたものである．しかし，セグメント1における小セグメント間の粒径分布形の変化を詳細に見ると，4程度で集団の分離があるようである．例えば，C集団である60 cmの粒径集団が次の小セグメントでほとんど見られず，そこでのA″集団は15 cmであるなどである．いずれにしても⑥のプロセスを実施し河川に実態に合った，また技術目的に合った粒径集団区分を行うべきである．

なお，砂河川におけるA集団のd_{60}とB集団のd_{60}との関係は，セグメント間の粒径変化，粒度分布形，高水敷堆積物粒度分布形と分級特性から，概略，**表-4.2**のようにまとめられる．

表-4.2 砂および小礫を河床材料に持つ河川のA集団とB集団

A集団(mm)	B集団(mm)	事 例
0.15～0.2	シルト，粘土	利根川，鶴見川
0.3 ～0.4	0.1～0.2	利根川，江戸川，木曽川
0.5 ～0.6	0.2～0.3	木曽川，関川，Apure川
2.0 ～3.0	0.3～0.6	斐伊川，庄内川，矢作川

線格子法：線格子法とは，**図-4.8**のように河床上に巻尺等で直線に張り，一定間隔ごとにその直下にある石を採取し，その粒径を測定するものである．測定された石径の個数加積曲線(採取した1個の石の支配率を$1/N$と評価する．ここで，N：全採取石数)は，表層材料が表層下においても同一な粒度分布であるとした場合の篩分けによる重量粒径加積曲線とほぼ等しい［山本(1971)］．

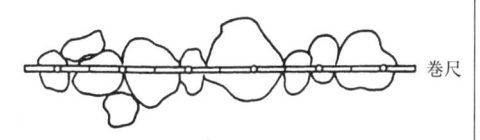

図-4.8 線格子法によるサンプリング［山本(1971)］

求めた5つの河川の年供給土砂量(1万年の平均値)と大ダム貯水池の堆積量から評価した年供給土砂量(10～30年程度の平均値)を，それぞれの土砂生産面積で除し比供給土砂量の形にして示したものである．平均化に用いた年数が大きく異なるにもかかわらず，2つの方法による比供給土砂量は信濃川と淀川を除き近いところにある．この両川は上流に盆地があり，そこでの堆積を考慮していないために差異が生じたものと考えられる．ちなみに信濃川については長野盆地上流域を土砂生産域から除外して求めた比供給土砂量を＊を付して示した．なお，信濃川については潟湖が埋まった後，河口より流出した土砂があるが，それを堆積量としてカウントし

4. 生態系基盤としての河川地形に及ぼす自然的攪乱・人為的インパクトとその応答

ていない．供給土砂の質については，砂利：砂：シルト・粘土＝（0〜10％）：（35〜40％）：（50〜60％）程度の構成比となっている．少ない事例であるが，大ダム貯水池の堆積土砂の構成比も同様なものである．参考のため，図-4.5には米国のダム貯水池の例も示した［山本（1994）；藤田ほか（1998）］．

以上のことは，日本において，ここ1万年の平均自然供給土砂量は，近年の平均土砂供給土砂量と大きく変わらないこと，また沖積河川の縦断形が1万年程度の時間スケールで3つ以上の粒径集団を持つ生産土砂が堆積分級したものであることを強く示唆している．

実際に砂利と砂の2粒径に相当する材料を供給した地形形成模型実験によると，はっきりと分かれた2つのセグメントが形成される．完新世における沖積河川形成過程をなるべく単純化し，数値シミュレーションで追い，その再現を試みた検討結果を以下に示す［藤田ほか（1998）］．

対象としたモデル河川は木曽川である．沖積谷（平野）幅と初期河床高は図-4.9に示したものとした．木曽川は，河道幅の縦断変化が小さいので，河道幅を500 mと一定とし，海水面高は完新世の海水面高の変化をもとに，1万年前から6000年前までの間は-40 mから0 mに年間1 cmずつ上昇させ，それ以降現在まで一定とした．地殻変動は考慮せず，変動しないとした．流量は，木曽川犬山地点観測流量データに準じて設定し，供給土砂については，砂利，砂，シルト・粘土の3種を与え，それぞれの粒径を30, 0.5, 0.01 mmと代表させ，供給量を8万4000, 32万1000, 40万1000 m³/年とした．

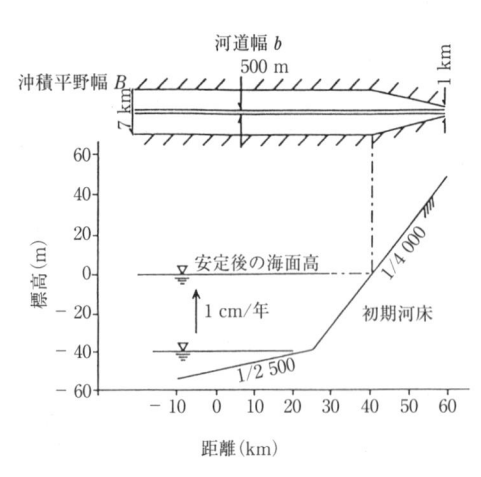

図-4.9 計算条件［藤田ほか（1998）］

計算は，通常の一次元河床変動計算で用いられている方法に準じて行ったが，土砂の輸送は川幅で行われ，堆積は河道の側方移動現象を簡略化して沖積谷幅で生じるとした．また，海部においては河道幅が沖積平野幅に等しくなるとした．なお，通常の混合粒径河床材料の河床変動計算を1万年間行うと，莫大な計算時間がかか

4.2 流域(大)スケールの河川地形とその変化

るので,現象の本質を損なわない範囲で簡略化している.例えば,シルト・粘土は海域で拡散堆積するが,掃流砂と同様に汀線沿いに堆積するとした.

図-4.10 と **図-4.11** に計算結果を示す.モデルとした木曽川とよく似た縦断形,沖積層の層序構造が得られた.沖積河川の縦断形の形成は,山間部で生産される土砂が3つ以上の集団を待ち,それが堆積分級したものであるという考えが適切であり,磨耗作用による粒度変化の影響は二次的であることが示唆される.

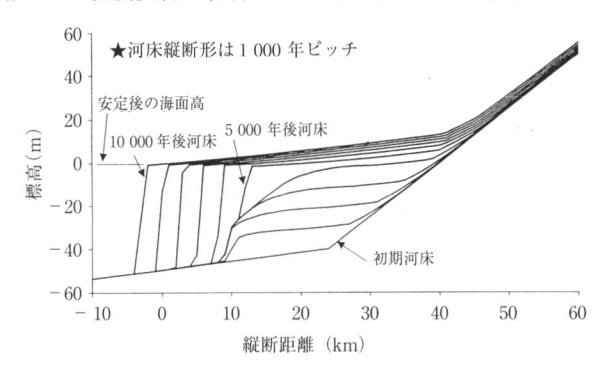

図-4.10 縦断形の時間変化の計算結果[藤田ほか(1998)]

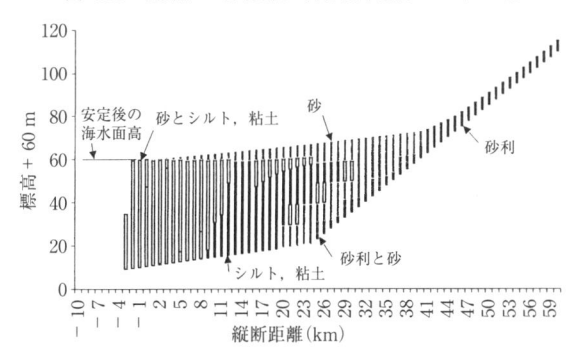

図-4.11 沖積平野の堆積構造の計算結果[藤田ほか(1998)]

4.2.3 セグメントの変動速度と土砂動態マップ

本来,沖積河川には安定な縦断形は存在しない.人間はこの変化に意識的に(理論的に)対応することが求められている.そのためには種々の要因により起こっている(起こりうる)縦断形変化速度を見積もり,各変化要因の影響度を知る必要がある.前述した木曽川モデル河川を対象に,種々の要因に対するセグメント1とセグ

メント 2-2 の大局的な変化速度，具体的には河床上昇・河床低下速度を木曽川を対象に見積もってみる［藤田ほか(1998)］．

まず，流量と供給土砂量，海水面が一定の条件での変化速度を①とする．河川改修により築堤が行われると，堤防外には土砂の堆積がなくなるので，河床の上昇速度が増加する．この条件下の変化速度を③とする．さらに，この条件下で供給土砂量が大きく減少した場合の変化速度を④とする．この他，地殻変動速度を②，地盤沈下速度(地下水の汲上げによる地盤の圧密沈下)を⑤とする．

①の変化速度はシミュレーション結果より求めた．③は堆積幅を谷幅Bから河道幅bに変えて評価した．④については供給土砂量0を最も供給量の減少した場合として計算した．②は地殻変動の見積結果を参考にした．⑤については主要沖積平野での地盤変化速度を参考とした．

得られた結果を図-4.12 に示す．得られた変化速度がセグメント全体に及ばない場合には，最も変化速度の大きい場所の値を用いている．①の場合の河床上昇速度は，両セグメントとも 1 mm/年のオーダーである．築堤し河道の側方への移動を制限した②の場合の河床の上昇速度は1オーダー速くなる．③の地殻変動速度は，①の速度より1オーダー小さく沖積河川縦断形変化に対してはあまり考慮する必要はないが，⑤の地盤沈下の速度は，河川堆積作用を超えた時があったことを示す．④の供給土砂量減少による変化速度は，セグメント 2-2 の方がセグメント 1 より速く1オーダーの差がある．なお，④の評価における河床変動計算では河床のアーマーリング現象や沖積層の堆積に伴う層序構造の影響については考慮していない．実際の河川の河床変化速度はこれより小さいと判断される．

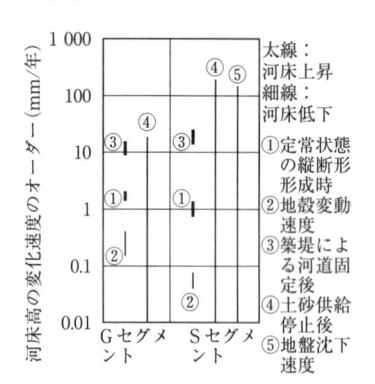

図-4.12 モデル縦断形変化速度のオーダー見積もり［藤田ほか(1998)］

この他に河床変化速度に影響を与える要因として河床掘削(浚渫)がある．掘削計画によりこの速度は調整可能である．人間の持つ機械力は年間 50 万 m^3 を超える掘削をも可能としている．実際，砂利採取の盛んであった高度経済成長時代には，これを超える掘削を行った河川もあった．

人間が河川・流域に加えた諸活動は非常に大きなものであり，従来であれば，ゆ

4.2 流域(大)スケールの河川地形とその変化

っくり変化していた河道がかなり速い速度で変化し，セグメントスケールの地形変化現象が技術的課題として顕在化した．ダム貯水池の建設，河床掘削，捷水路の建設によって河道が急速に変わり，また海岸侵食が生じ，河川および河川周辺域の生態系も大きな影響を受けるようになった．

これに対処するには，水系を上から下まで通した土砂の収支を的確に把握・評価しなければならない．これについては，各粒径集団が河川を流下するに従ってセグメントごとにどのような運動形態を持ち，かつ河道形成に寄与しているかを量的に把握するという方向で検討が進んでいる［藤田ほか(1999)；山本ほか(1999)；山本(2000)；建設省河川局治水課ほか(2000)］．

流砂系を移動する土砂は，粒径集団ごとに，またセグメントごとに流送(運動)形態，移動速度，河床材料との交換，河岸形成，河床変化，生態系への役割が大きく異なる．少なくとも粒径 1 cm 以上の砂利，砂，シルト・粘土という3つの粒径集団ごとに土砂動態と収支を考えることが適切である．図-4.13 のように，砂利の動きは砂利区間の河床変動を，砂の動きは砂河床の河床変動を，シルト・粘土(一部，細砂，微細砂を含む)は河岸，高水敷(氾濫原)の形成や河口部，沿岸域の緩流速域での堆積を支配する．これらの各種河川地形の変化を予測，制御するためには，それぞれの河川地形を支配する粒径集団(有効粒径集団という)に着目して土砂の収支を把握しなければならない．

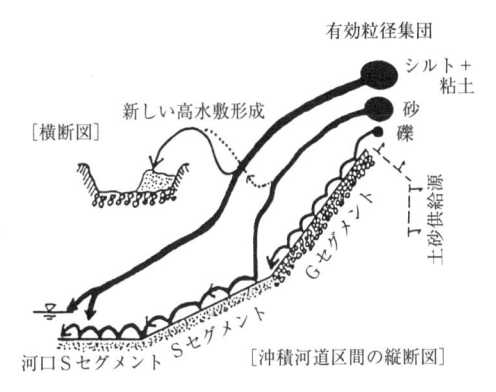

図-4.13 各粒径の流送特性と河川地形変化に与える影響の総括図［藤田ほか(1999)］

現在，土砂の動態・収支の表現法については，視覚的に流砂系全体を捉えるため，粒径集団ごとの，あるいは検討の対象とする有効粒径集団の水系土砂動態マップの作成が進められている．これは，土砂生産域から河口まで粒径集団ごとの土砂移動量を図-4.14 のように土砂移動量の太さで示したものである［河川環境管理財団(2002)］．河川・流域における人間のインパクトが水系のどこにどのように影響を及ぼすかは，過去，現在，近未来の3枚の土砂動態マップを描くことにより的確に判断しえるようになる．さらに，この土砂動態マップ情報を一次元河床変動計算

4.3 中規模スケール(セグメント内)の地形システムとその内的構造

ントでワッシュロード的であったものが浮遊砂的な運動形態を持つ水理量($u_*/\omega =$ 4〜5程度)となっている.

低水路のスケール,すなわち川幅 B,河積 A,水深(低水路満杯流量時の水深) H_m は,図-4.19 および別途求めた図-4.21 に示す平均年最大流量時の流速係数 ϕ と代表粒径 d_R の関係を示す[山本(1994)],平均年最大流量 Q_m,河床勾配 I_b,代表粒径 d_R の3量でほぼ評価される.なお,低水路満杯流量は平均年最大流量に近い.

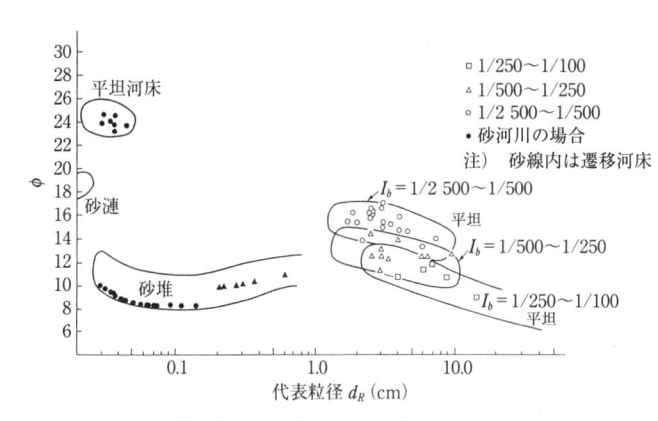

図-4.21 平均年最大流量時の ϕ と d_R の関係[山本(2004)]

図-4.21 より,ϕ は d_R と I_b によってほぼ定まるので,

$$\phi = f_1(d_R, I_b) \tag{4.1}$$

図-4.19 より,

$$u_*^2 = f_2(d_R) \tag{4.2}$$

であるので,$u_*^2 = gH_mI_b$,$Q_m = BV_mH_m$ より,

$$H_m = 1/g \cdot f_2/I_b \tag{4.3}$$

$$B = f_1^{-1} f_2^{-3/2} gI_b Q_m \tag{4.4}$$

$$A = f_1^{-1} f_2^{-1/2} Q_m \tag{4.5}$$

となる.図-4.22 に平均年最大流量時の水深と代表粒径,勾配の関係を示す.

以上,河道の平均的なスケールは,Q_m,d_R,I_b の3量の関数として表現しうる.その他の種々の地形要素 Y_i についても

$$Y_i = f_i(Q_m, d_R, I_b) \tag{4.6}$$

の関係が成立するものとして記載が可能である.既に大セグメントごとに基本的な共通性が整理され[山本(1994, 2004)],またこれと関連した技術的情報の編集も進

4. 生態系基盤としての河川地形に及ぼす自然的攪乱・人為的インパクトとその応答

んでいる[国土技術研究センター(2002);山本(2003)].

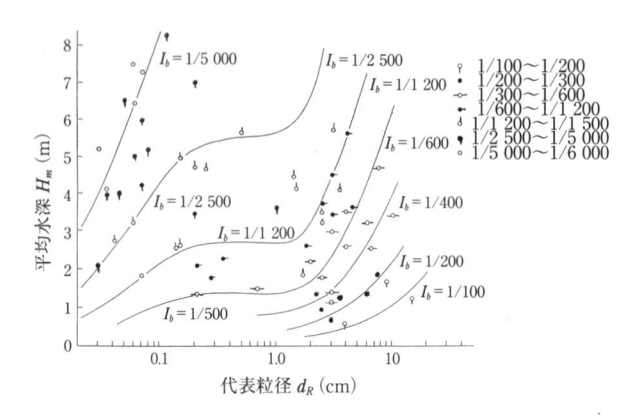

図-4.22 平均年最大流量時の水深 H_m と d_R, I_b の関係[山本(1994)]

> **流速係数**:流速係数 ϕ は,$\phi = V_m/u_*$ で定義される.これは流水の流れにくさ(やすさ)を表す無次元の物理量である.この ϕ は,河床に発生する小規模河床波の形状と水理量の関係の現れであり,平均年最大流量時の ϕ は,ほぼ代表粒径 d_R と河床勾配で規定される[山本(1994,2004)].

なお,河口域,沿岸域の中スケール地形(浜堤,河口砂州,砂丘等)については,波浪,潮汐,潮流,風,河水と河川水との密度差等の要因の影響を受けるが,河口より少し上流であれば,潮汐流の影響の大きい有明海湾奥に流出する河川(河道の形,スケールが潮汐流に規定されている)を除けば,これらの要因の影響は小さい[山本(1991)].

セグメント M(山間部河川)の河道において,河岸が谷壁等で固定され,かつ河床がアーマ化していない場合は,平均年最大流量時の u_*^2 の値が同一代表粒径の沖積河川の場合に比べて少し大きい.土砂流出量の大きくない河川では,河床はアーマ化し平瀬状となり,またベッドロックが河床に露出することが多い.このような場合は,図-4.19 の関係が成立しない.

河川生態系と中規模河川地形(生態学でいうメソハビタットスケールの地形)は,相互に密接な関係にある.特に植生は中規模河川地形形成の重要な要因であり,中規模河川地形は,流水と植生の相互作用の現れでもある.河川生態系の基本的な特性,特徴についても,式(4.6)式の関数関係が成立する.ただし,水質を説明因子

として加える必要がある[山本(1994)].

4.3.2 河床地形と土砂の分級

河床は，河床に発生する砂州や湾曲等によって生じる流れの不均一により，河床に凹凸や土砂の分級堆積が生じる．このような河床の凹凸とそれに対応した河床材料粒度構成と堆積構造は，水棲昆虫，魚類，水辺の植生等の空間特性を規定する重要な要素であることより河川生態系の観点から，河床地形の分類がなされている．

可児藤吉(1944)は，水棲昆虫の生態系の説明要素として河床地形(リーチスケール)の分類を行い，平水時における河床地形を水深，流速，河床材料等の状態から図-4.23に示す平瀬，早瀬，淵の3要素の分け，下流に向かって平瀬，早瀬，淵と連なる一組を単位形態(単位景観)と名付けた．また，可児は，河川を平面的に見ると，河川の屈曲と単位地形との関係にいくつかの型があるとし，A，Bの2型に分けた．

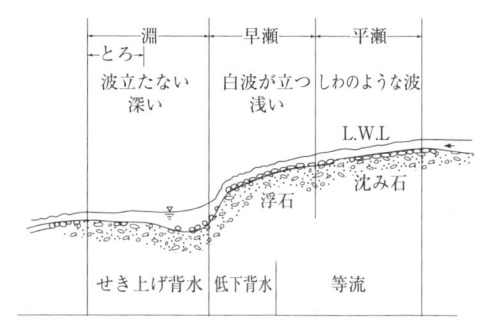

図-4.23 単位河床形態の模式図

・A型：1屈曲(蛇行の半波長)内に，多くの単位形態の瀬と淵が縦断方向に連続する．主として渓流に見られる．瀬はすべて早瀬である．
・B型：1屈曲内に瀬と淵が1つずつ交互に出現する．河川の中・下流に典型的に見られる．

さらにこれに加えて，流れの状況をa，b，c型に区分した．

・a型：瀬から淵に変わる所は河床が縦断的に連続せず，小さな滝となって落ちる．
・b型：瀬から淵に変わる所は河床が急であり，水面が波立ち早瀬となる．その上流は平瀬となる．
・c型：瀬から淵の変わる所の波立ちがなくなり，平瀬となる．

a，b，c型は，渓流部，上・中流部，下流部にそれぞれ典型的に生じるものであり，またA，B型とa，b，c型とは河川の空間位置との関連から組合せとして，Aa，Bb，Bcの3通りがあるとした．

4. 生態系基盤としての河川地形に及ぼす自然的攪乱・人為的インパクトとその応答

上述した河床型は，中小河川を対象としたものであり，大河川を含む河床型については網羅しきれていない．河川工学的視点から見た河床型を，瀬・淵，砂州，河道平面型の3つの概念で，セグメント別に説明し，河床型概念の拡大を図る．

勾配が少し緩い山間部の河川，沖積地河川では中規模河床形態といわれる砂州が発生する．ただし，直線状の河道区間で平均年最大流量時の川幅水深 B/H_m が10程度以下となる小河川では砂州が生じない．砂州は，河道地形の1つのユニット（可児のいう単位形態に相当する）であり，瀬や淵はその部分である．図-4.24 は，直線河道における砂州の形態とスケールを示したものである［山本(1994)］．洪水時においては，交互砂州の発生している河道では水流が蛇行し，複列砂州および鱗状砂州の存在する河道では水流が集中と発散を繰り返す．直線河道では，砂州は下流に向かって移動し，それに伴って河岸侵食位置が変化する．

セグメント1および2-1の河道では，砂州のスケールは図-4.24 に示すように低水路の川幅 B と平均年最大流量時の水深 H_m に規定される．交互砂州の波長 L_s は B の約10倍程度であり，緩やかに蛇行する河川の蛇行長に対応する．ただし，川幅水深比が40を超えると，L_s/B の値は小さくなる［山本ほか(1989)］．自然河川では，河岸侵食に伴う河道位置が変化し，蛇行が発達する．セグメント2-1および2

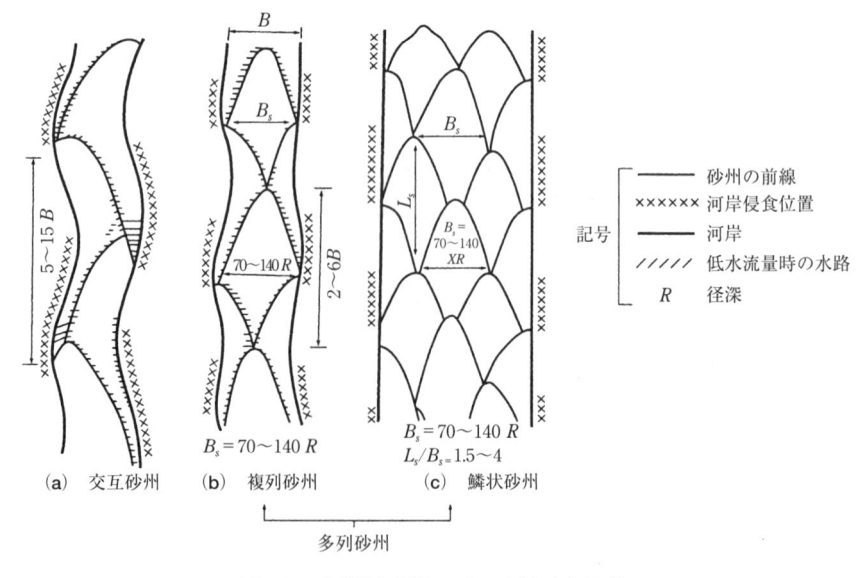

図-4.24 典型的な砂州のスケール［山本(1994)］

4.3 中規模スケール(セグメント内)の地形システムとその内的構造

-2では,川幅水深比の小さい方が蛇行度S(水路長を谷長で徐したもの)が大きい.複列砂州および鱗状砂州のL_s/Bは2～5程度である.複列砂州が生じるようなB/H_mが100程度では,流水の集中点が両岸に生じるので,蛇行度は小さく,狭広を繰り返す平面形状となる[山本(1994)].

河川の水深は流量変動に伴って変化するが,砂州のスケールは河床材料を全面的に移動させるに十分な流量で,かつ頻度の比較的高い流量における水深に対応すると考えられ,セグメント1,2-1では平均年最大流量程度である.すなわち,砂州の形態,蛇行程度は,Q_m,H_m,I_bの3量に規定される.一方,砂を主成分とするセグメントでは,比較的小さい流量でも河床材料が動くので,大流量時と小流量で砂州の形態やスケールが異なることが多い.したがって,平水時の河床地形データから洪水時の砂州形態を推定できないことが多い.

屈曲した河道が護岸施設や岩・谷壁によって固定されていると,それらが砂州の移動,配置に影響を与える.直線河道において交互砂州が発生するようなB/H_mであり,河道の湾曲角がある程度大きくなると砂州は移動しなくなり(蛇行長が砂州長にほぼ等しい場合湾曲角20°程度以上),深掘れ部の位置が固定される[木下,三輪(1979)].

(1) セグメントM

山間部の勾配の急な渓流部(1/10～1/50)においては,河床にベッドロックが露出し,また河岸も谷壁となることが多く,堆積層の厚さは薄い.このような所ではステップ・アンド・プールといわれる河床地形が生じることが多い.この地形は,可児(1944)のいうa型地形であり,水理学的には急流で生じる反砂堆(4.5.1参照)と同様な成因であると考えられている.早瀬の材料は,大粒径であり,洪水時においてもほとんど移動しない.側岸から大粒径の供給のない地形地質の場合は,河床はベッドロックの連続となる.

勾配が緩くなり川幅が増し,谷底の河川堆積物がある程度存在する場合は,b型の河床地形となる.b型の地形は,交互砂州あるいは河道の湾曲に伴うポイントバーの形成に起因している.

下刻しつつある谷を流下する場合は,河床堆積物が薄く河床はアーマ化される.河道の平面形が直線状であると平瀬の連続となる.湾曲していると淵部および瀬部にC集団が集まり大洪水でも動かなくなる.このような河道区間では,平均年最

大流量程度の洪水では河床表層材料の A′ 集団以上の材料はほとんど動かない．礫等の供給があると，流速の遅い湾曲部の内湾側に集まりポイントバー状に堆積をみることもある．

(2) セグメント1

セグメント1の河床形態は，大河川(流域面積 100 km² 以上)では，平均年最大流量時の川幅水深比が 100 を超えるので，2列以上の多列砂州が発生し，その位置が洪水により移動変形する．可児のいう単位形態が川中に多く現れ，流れの状態は b 型あるいは平水時に流れがない状態となる．

セグメント1の河道特性を持つ小河川(平均年最大流量時の川幅水深比が50以下程度の河川)では，交互砂州が発生し Bb 型の河床型となるが，大洪水時には側方侵食量が大きく，川幅の拡大や氾濫原の河道化が生じ，水衝部が急変してしまうため(平面的構造特性の連続性の切断)，セグメント 2-1 の河川のような蛇行度の大きな河道平面形状(1蛇行に3つ以上の淵を持つ蛇行)とはならない．ただし，河道が下刻し，かつ谷幅と河川幅がほぼ等しい段丘地形をつくるような所では，大洪水時においても川幅が変化しないので，水衝部の継続性(平面的構造特性の連続性の継続)があり，大きく蛇行することがある(穿入蛇行)．同様に北方系の河川では，融雪出水による洪水であることにより，洪水規模および土砂流出規模の経年的変動が少なく，蛇行が発達するようである[池田，伊勢屋(1986)]．

セグメント1の河道においては，上流部に活火山や崩壊地があり小流量でも上流部から砂分を供給するような河川を除けば，洪水後期，主流部の表層の砂分・小礫分は流水により移動し，砂州前縁線沿い(ただし，平水時，流水のある早瀬となる所は除く)に堆積する．したがって，平水時流水が流れる澪筋部の表層材料は大きくなる．早瀬に近い平瀬の所は，平水時，流水の一部が河床に潜りこむので，表層下のマトリックスに細砂・シルトがトラップされ，徐々に透水性が悪くなる．砂州を動かすような洪水がないと，小出水時に輸送される細粒物質(シルトを含む)が表層礫の間にトラップされるので，これに拍車をかける．

洪水後の砂州上の河床材料は，澪の所の粒径が大きく，砂州頂付近は小さい場合が多い．なお，移動床実験の観察によると，洪水中には澪の所に小礫粒が集中的に流れ，河床表層に小礫分が集中することがある．細砂を含む砂分がマトリックス材としてあり，かつ水分がある所には植生が進入し，これがさらに細粒土砂をトラッ

図-4.30 天塩川 10 km 付近の線状微高地
(1947)[山本(1994)]

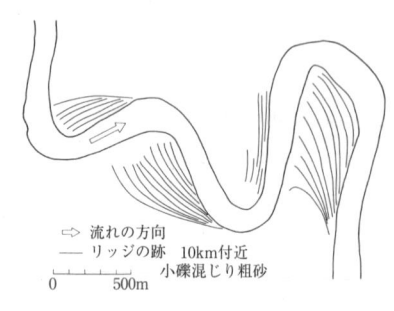

⇒ 流れの方向
— リッジの跡　10km付近
　　　小礫混じり粗砂
0　　500m

② コンパウンドミアンダーの発生：蛇曲から迂曲に変わった後は，湾曲部はますますその径路を長くし，自然短絡（湾曲の首部が繋がること）が起こらなければ淵の間隔が川幅の8～10倍程度となると，新たな淵を発生させ，図-4.26(b)のような複雑な形（compound meander）となる．淵の発生ごとに流路の移動方向，移動速度が変化する．淵の発生は低水路変動形態の質的変化点である．

③ 自然短絡（natural cutoff）：迂曲河道では河道の全体的な前進がないので，蛇行の進行に伴ってネック部（首部）がくっついて自然短絡が生じる．氾濫水がネック部を走り，氾濫原を侵食し新たな水路をつくって自然短絡が生じることもある．

自然短絡が生じると旧河道は，いわゆる三日月湖となり，氾濫の繰返しにより細粒物質が堆積し埋まっていく．湖の形態がなくなっても旧河道跡は周辺の氾濫原より標高が少し低い．

④ 蛇曲から迂曲への移行時の流路長と蛇行波長は1.4程度であり，湾曲角は140～180°，曲率半径川幅比 r/B は3程度である．

⑤ 河岸物質の影響：移動方向河岸の物質が流れに対して耐侵食力のある固結したものであると，蛇曲，迂曲の発達が妨げられる．例えば，谷壁（valley wall），段丘崖（terrace），後背湿地堆積物の粘性土は，低水路の側方移動を規制する．

セグメント2-1では，氾濫時流水の乗り上げ部に堆積した細砂・中砂は河岸侵食により侵食されてしまうので，河岸に沿った自然堤防の存在は顕著でない．しかしながら，河道位置を固定してしまうような曲がりのある狭い沖積谷を流下している場合，あるいは人為的に河岸侵食を防止する（近世に始まる）と，河道位置が固定されるので，高い自然堤防が形成される．その高さは1～2 m程度であり，氾濫原側の斜面勾配は1/30～1/40程度である．図-4.31に約400年前に瀬替えにより洪水の流下場所となった関東の荒川のセグメント2-1区間の自然堤防の形状を示す．

大洪水時には，流水が乗り上げる所に中砂，細砂を堆積する．これを特に河畔堆積物といっている．河畔林あるいは水防林があると氾濫原への流水の乗上げが妨げ

られ，河畔堆積物の堆積量が減少する．河畔林あるいは水防林が流下方向に切れていると，そこから流水が氾濫原に流れ込み，**写真-4.4**のように砂が多量に堆積することがある．乗上げ部流速が速い（2〜3 m/s 程度か）と，砂分が堆積できず高水敷表土を侵食することがある．

写真-4.4 氾濫原の砂の堆積［白川（1981）］

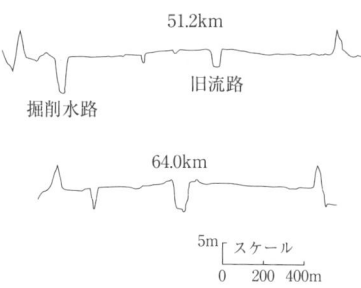

図-4.31 荒川セグメント 2-1．1629 年久下瀬替え後，約 400 年で形成された自然堤防

(4) セグメント 2-2

自然蛇行河川の河道平面の変動形態は，セグメント 2-1 と同様であるが，平常時と洪水で砂州のモード（列数）が変わることがある（多列砂州の発生する場合，その砂州幅 B_s は水深の 100 倍程度となろうとする．セグメント 2-2 では，小流量時でも河床材料が動くので，洪水時と平水時では砂州のスケールが異なるのである）ので，水衝部がセグメント 2-1 ほど安定しない．勾配の急なほど平水時の砂州移動が活発で砂州のスケールが小さく，水衝部が固定されないので，河道の蛇行度は大きくならない．**図-4.32** は，インドネシアの河川の蛇行度と川幅水深比，河床勾配の関係を示したものである［山本（1989）］．

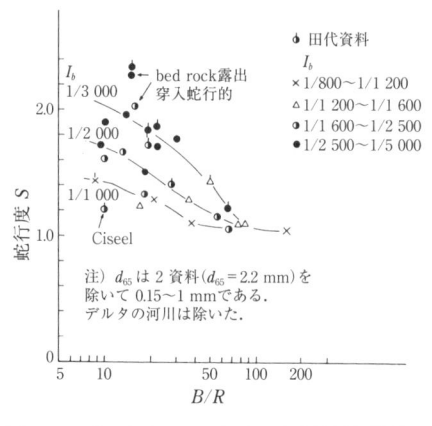

図-4.32 インドネシアにおける自由蛇行と判断される河川の S と B/R の関係［山本（1989）］

日本のセグメント 2-2 の河道区間は，縄文海進時，海面下あった所を流れていた河川が多く，河岸に粘土層が存在することが多いためか，河道の側方移動量が小さい（数 100 年間ほとんど移動した形跡が見られない河川が多い．近世における川

4. 生態系基盤としての河川地形に及ぼす自然的撹乱・人為的インパクトとその応答

普請による河道の側方移動の制御という人為的影響がある)．もともとセグメント2-2における河岸侵食力は大きなものでない．

河岸は，一般に下層が河床堆積物と同様な掃流堆積物であり，中層は洪水時の岸よりのポイントバー堆積物(細砂とシルト混じりの細砂の互層)である．上層は氾濫原堆積物であり，シルト混じり細砂あるいは細砂混じりシルトであるが，洪水時に河岸に乗り上げた流れにより運ばれた中砂を挟むことがある．側方移動が顕著でないこともあり，後背湿地堆積物である粘土層が河岸侵食部に露出することも多い．

側方移動が少ない河川では，河岸沿いに自然堤防が発達し，背後より1～2m高く，その横断方向勾配は1/30～1/150程度である(形成されてから30年以下の若い自然堤防，またA集団の粒径が大きいほど横断方向勾配が急である)．

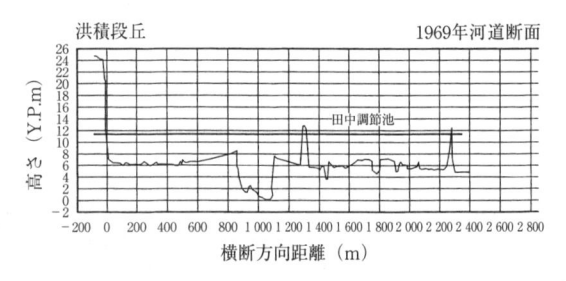

図-4.33 約300年が経過した自然堤防(利根川)

写真-4.5 庄内川10.2km左岸高水敷河岸よりの河畔堆積物(2000年9月撮影)

利根川において最近形成され始めた自然堤防(低水路の河床掘削により水制部分が高水敷化したものであり，30年程度の時間)は，高さ2m程度あり，斜面勾配は1/30程度と急であるが，約300年が経過した85～110kmの区間の自然堤防は，図-4.33に示すように高さ2～3m程度で，斜面勾配が1/100～1/150と緩い．

大洪水時には，洪水が高水敷に乗り上げる所，あるいは低水路と高水敷の流速差に基づく河岸渦が形成され，渦により低水路の物質が高水敷まで運ばれる所の河岸沿いに，写真-4.5(庄内川)のように細砂あるいは中砂を帯状に堆積する[伊勢屋(1980)；木下(1987b)；建設省河川局ほか(1990)]．

(5) セグメント3

日本のセグメント3の河道区間が存在する所は，ここ50～1000年の間に沖積地

となった所が大部分であり,沖積地は人為的影響を強く受けている.河岸侵食はほとんど見られない.河岸近くの表層堆積物は,細砂混じりのシルト・粘土である.洪水時の流速が遅く砂分の高水敷への堆積が少ない一方で,この地形の形成時間が数100年以下であるものが多く,自然堤防状の地形の発達は顕著でない.高水敷は平坦の葦原となる.

潮汐の作用が強い所では,写真-4.6に見るように,細い潮汐水路が形成されることがある.

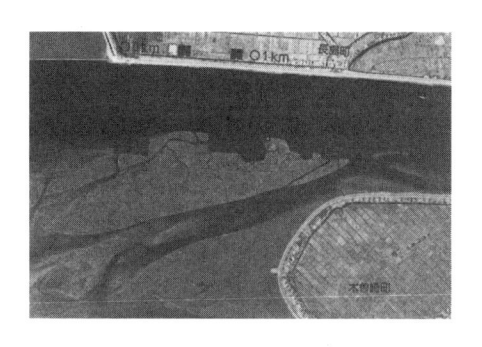

写真-4.6 木曽川河口にできた小潮汐水路(1965年8月撮影)

氾濫原の土地開発:セグメント2-1および2-2の氾濫原は,北海道および東北北部の河川を除けば,近世以来沖積地開発の対象であった.セグメント2-1の自然堤防では,水防のため樹林の存置,あるいは水防林の造成がなされたが,開発意欲が強い所では伐採され畑作地となった.その背後は水田となった所が多い.セグメント2-2では,河岸近くまで流作場として畑地,桑畑等に利用された.低湿地でなければ高水敷は高度に利用され,生態系に対して大きな攪乱因子となっていた.ただし,高水敷上の地形を大きく変えるものではなく,高水敷に存在する自然堤防,旧流路跡等の地平面の凹凸に応じた土地利用であった.

1970年代以降,都市に近い所では,公園的利用等のため高水敷の整正工事が行われ,平坦化した.近年,占用解除,農業的利用の放棄により未利用地となった高水敷は,植生の繁茂,樹林化が進行しつつある.

山本晃一 記

4.4 中規模河川地形に及ぼす人為的インパクトの影響

4.4.1 人為的インパクトに対する中規模河川地形の応答方向

図-4.19は,沖積地河川が持つ基本特性であり,この関係となるように河道が調整される.実際,河道掘削によって河積を増大したり,蛇行していた河川を直線化

4. 生態系基盤としての河川地形に及ぼす自然的攪乱・人為的インパクトとその応答

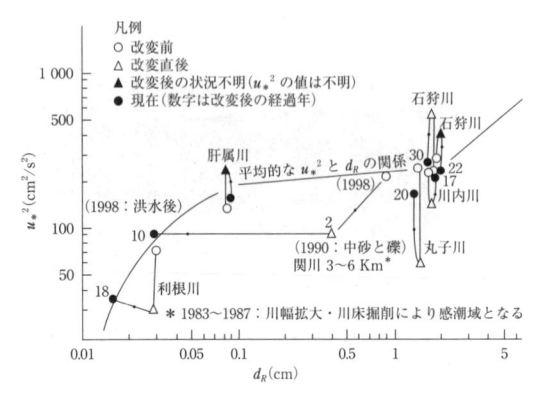

図-4.34 人工的河道改変後の河道の応答［山本（1994）に付加］

したりした後の変化は，図-4.34に示すように図-4.19の関係に戻ろうとしている［山本（1994）］。

河道特性の変化に関する事例研究と図-4.19より，河岸の侵食が許されている沖積河川での平均年最大流量 Q_m，対象としているセグメントの河床材料のA集団の上流部からの供給量 Q_s が変化した場合，対象セグメントの特性がどう変わるかを示すと，表-4.3および表-4.4のようである。ここ

表-4.3 セグメント1における河道の応答［山本（1994）］

地形 変化するもの	扇状地（セグメント1）
Q_s^+ Q_m^+	$C=Q_s/Q_m$ が変わらなければ，B は Q_m に比例，I_b^0, S^0, d_R^0, H^0, V_m^0 C^+ であれば，B はまず Q_m によって増加，その後 I_b^+ による B の増加が加わる。H^-, V_m^- となる。 C^- であれば，B はまず Q_m によって増加，その後 I_b^-, d_R^+ による B の減少が加わる。H^+, V_m^+ となる。
Q_s^- Q_m^-	C^0 であれば，B はまず Q_m に比例，I_b^0, S^0, d_R^0, H^0, V_m^0 C^+ であれば，B はまず Q_m に比例して減少するが I_b^+ によって B の多少の増加。H^-, V_m^- となる。 C^- であれば，B はまず Q_m に比例して減少するが I_b^-, d_R^+ による B の減少が加わる。H^+, V_m^+ となる。
Q_s^- Q_m^+	B の流量増による増加要因と，I_b^-, d_R^+ による減少要因あり，どちらが強いかによって川幅の変化が異なる。 扇頂河床低下，扇端河床上昇，V_m^+
Q_s^+ Q_m^-	B は流量減による減少要因と，I_b^+ による増加要因があり，河床上昇，V_m^-, H^-
Q_s^+ Q_m^0	I_b^+ による B の増加，河床上昇，V_m^-, H^-
Q_s^0 Q_m^+	Q_m^+ による B^+ の要因あるが，d_R^+, I_b^- による減少要因もある。V_m^+, H^+

4.4 中規模河川地形に及ぼす人為的インパクトの影響

表-4.4 セグメント2における河道の応答[山本(1994)]

変化するもの	中間地(蛇行帯)(セグメント2)
Q_s^+ Q_m^+	$C=Q_s/Q_m$ が変わらず，B/H が100以上であれば，B は Q_m に比例，I_b^0, S^0, d_R^0, H^0, V_m^0 であるが，B/H が100以下であれば，S が減少し，I_b^+ となり，B はより増加する． C^+ であれば，C^0 と同様な現象がまず生ずるが，C^+ による I_b^+ による B の増加がより加わる．H^-, V_m^0 C^- であれば，C^0 と同様な現象がまず生ずるが，その後 I_b^- による B の減少が，またアーマ化による d_R^+ の場合には，これによる B の減少も加わる．
Q_s^- Q_m^-	C^0 で，B/H が変化後で100以上であれば B は Q_m に比例，I_b^0, S^0, d_R^0, H^0, V_m^0 であるが B/H が100以下になるような場合には S が増加し I_b^- となり，B はより減少する． C^+ であれば，C^0 と同様な現象がまず生ずるが，C^+ による I_b^+ による B の増加が加わる．H^-, V_m^0 C^- であれば，C^0 と同様な現象がまず生ずるが，その後 I_b^- による B の減少が加わる．またアーマ化による d_R^+ の増加があればより B の減少が進む．
Q_s^- Q_m^+	B は流量増による増加要因と C^- による I_b^- による減少要因があり，まず Q_m^+ の現象が現われ，C^- による I_b^- が続く．河床低下によるアーマ化が生じる所では，これによる川幅減少もある． S は，B が増加すれば S^-，減少すれば S^+ となる．したがって，I_b の変化方向は C^- によるものと S の変化量の2つの影響を受ける．
Q_s^+ Q_m^-	B は流量減による減少要因と C^+ による増加要因あり，まず Q_m^- の現象が現われ，これによる B^- による S^+, I_b^- が続き，C^+ による I_b^+, B^+ の要因が続く．
Q_s^+ Q_m^0	C^+ による I_b^+，これによって B^+, S^-，河床上昇
Q_s^0 Q_m^+	Q_m^+ による B^+, $(B/H)^+$, S^-, I_b^+ がまず現われるが，C^- による I_b^- による B^-, $(B/H)^-$, S^+, I_b^- の影響が続く．アーマ化による d_R^+ があると後者の影響はより大きくな

では，ある量が増加する場合は+，減少する場合は-，変化しない場合は0を，ある量の記号の右上に付すことにより示してある．なお，時間スケールとしては10～100年オーダーの現象，空間スケールについては小セグメントスケールの現象を対象としている．ただし，セグメント3では，デルタ底置層の粘土層の影響や堆積面の前進等の非平衡性をそのセグメント自身が持っていること，また河道特性の変化に関する実証的事例が少ないことより，変化の方向を示していない[山本(1994)]．

Q_s, Q_m の変化に対して河道は，まず川幅あるいは粒径(どちらが早いかは，河床材料の混合度やB，C集団の上流からの流入量や河岸物質の特性によるが，よくわかっていない)が応答し，それにより川幅水深比が変化し，次に蛇行度 S の変化が

4.4 中規模河川地形に及ぼす人為的インパクトの影響

積するようになり高水敷化が進み，実質的に川幅が減少した．平水時，水制間の河床高が水面上に露出しない区間は，ワンド状の地形として残っている（淀川，木曽川）．

木曽川では写真-4.8に示すように，かまぼこ型の玉石で覆ったケレップ水制では越流流速が速く，水制直下流が乗り越えてくる流水により洗掘され，その土砂がその後に堆積し，群杭水制ではそこで流速が落ちるので背後に砂を堆積している（一部，島状となる）．このように水制は，水制間の河床高に変化をもたらし多様な水域環境をもたらした．

写真-4.8 木曽川 16 km 付近（1973 年 3 月）（長いのがケレップ水制，短いのが群杭水制）

水制により縮小させた河道の河床高の変化は，洪水が制御された川幅内だけを流れ，ある流量に対して流砂量の連続性が成立する動的平衡であるという想定のもとにおいて，以下のように評価されている［山本(1994)］．

川幅制御区間より上流の水深，川幅，河床勾配をそれぞれ H_0, B_0, I_0，制御区間の水深，川幅，河床勾配を H, B, I とすると，

$$H/H_0 = (B/B_0)^{(1-p)/p} \quad (4.7)$$
$$A/A_0 = (B/B_0)^{1/p} \quad (4.8)$$
$$I/I_0 = (B/B_0)^{(p-3)/p} \quad (4.9)$$

となる．ここで，p は，摩擦速度 u_* と単位幅単位時間当り流砂量 q_s との関係式 $q_s = K u_*^p$ の係数である．上式は，制御区間とそうでない区間において，河床形態（4.5.1 参照）が変わらないものと仮定している．

B/B_0 と A/A_0 および H/H_0 の関係は，図-4.39 のようになる．図中の河川データは，水制により河川幅を狭めたものではなく，河口水深維持

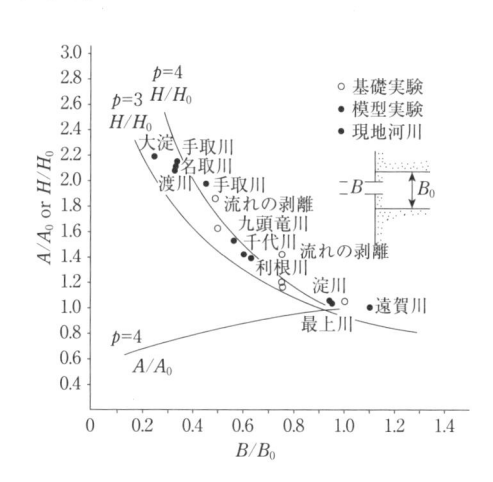

図-4.39 川幅の変化による水深，河積の変化［山本(1978)］

のため河口導流堤(一種の縦工)により川幅を狭めた場合の導流堤上流および導流堤間の水深と河積の関係を図示したものである(水深および河積は平均年最大流量時のものである．また，河口導流堤先端の水深は 4 m 以上であり，波による河口導流堤内への砂の持込みの少ない河川である)[山本(1978)]．また，図中には河口移動床模型実験のデータ，基礎実験のデータもプロットしてある．実河川の河床材料は中砂であり，この場合，$p=4$ とすればほぼ動的平衡河床高に近い河床高となる．

　p の値は，細砂・中砂の河川で 3.5～4 程度，粗砂あるいは小礫の場合は 3 程度であろう．なぜならば，細砂・中砂の河川では流砂量と u_* の関係は，小洪水では砂堆河床で，p は 3 程度であるが，年最大流量程度で遷移河床となり，p が 4～5 程度となるからである．粗砂あるいは小礫の場合は，大洪水でなければ砂堆河床であり，p は 3 程度である．

　$p=3$ の場合，式(4.9)より水制間の河床勾配は制御区間とそうでない区間で変わらないことになる．河床上昇を防ぐという目的のため水制および人為的高水敷化(水制高が低く，水制域に土砂がなかなか堆積しないので河床砂を水制間に投入)により低水路を縮小した斐伊川 2～8 km 区間(河床勾配 1/1 100, d_R が 2 mm 程度)では，川幅制御区間(約 300 m から 120 m へ縮小)の河床勾配は，制御前とほとんど変わっていない．

　セグメント 1 および 2-1 の河川では，1970 年代，河道整理と同時に高水敷利用の高度化(公園等)を目的に低水路幅を狭める計画とした河川があった．北海道の豊平川では，低水路を狭め河川の都市的利用を図った．河床低下の恐れがあるので床止め工を併用した．礫床河川では，川幅を狭めると，流砂能力が増加するので上流から河床低下が進むが，アーマ化により低下が止まる．人工的に高水敷化した所で河岸高の低い場合には，洪水時に高水敷上を流れる流水により植生や利用施設が破損，破壊された．

(6) 横断構造物

a. 床止め　　床止めは，その設置目的および形状から「落差工」と「帯工」に分類されている．落差工は河床低下の防止を目的とし，帯工は洪水時の乱流による局所洗掘の防止を目的として設置される．落差工の上下流平均河床高の差は，通常，2 m 以下であり，帯工は 0 m である．したがって，天端が水平であれば，砂州形状をあまり変形させない．砂州が移動性であれば，そのまま下流に形状を保ちながら流

下させる.

　セグメント1に設置された落差工の天端高と直上流の平均河床高の差異は小さい．セグメント2-1では，落差工が河床から突出するようになり，上流に小湛水池をつくる．

　落差工および帯工上流においては，砂州や湾曲による局所洗掘が横断構造物による流水の平滑化作用により多少小さくなる．ただし，その影響区間は短い(勾配の逆数×1m程度).

　天端に切欠き，あるいは流水を集中させるような落差工形状であると，流水の集中する所が洗掘され，砂州形状をそこで規制，変形させる．

b. 流路工　　流路工は，一般に河床勾配が1/100程度より急である河川で設置される砂防施設である．護岸と落差工が一体として施工される．落差工には袖部があり，そこで流路幅を縮小させている．川幅に対して縮小率が大きく，落差工間隔が砂州の長さ程度である場合には，砂州形状とその移動形態を規制する．

　落差工の落差により魚類の移動が妨げられた．

c. 取水堰(頭首工)　　固定堰の一部に水門があると，流水は水門部分に集中し，澪が水門下流部分に生じた．砂州形態は堰で分断され，連続性がなくなった．

　頭首工が何箇所もあり，頭首工間を砂利掘削したセグメント1の河川では，頭首工が河床から数m浮かび上がる形となり，頭首工間の河床勾配が減少し，かつ頭首工下流への土砂供給の急減により，従来の澪筋部が低下し，砂州の固定化，河床材料のアーマリング化が生じ，川幅の狭隘化(高水敷化)と樹林化が生じた．事例として，雄物川105〜125 kmを示す(**写真-4.9**参照)．堰上流では湛水域が生じ，そこが堆積域となると，河床材料が細粒化した．

(7) 護　　岸

　河岸侵食は，沖積地形形成の一過程であり，河岸付近の植生は，河道の側方移動により更新され，河岸植生という特異の植生景観を形成する．沖積地の高度利用のため，護岸により河岸侵食の防止が多くの河川でなされた．護岸法覆工は，河岸の植生生育基盤を奪い，また河岸移動(攪乱)に伴う植生の平面的差異の減少(多様性の減少)となり，河川生態系の劣化をもたらした．

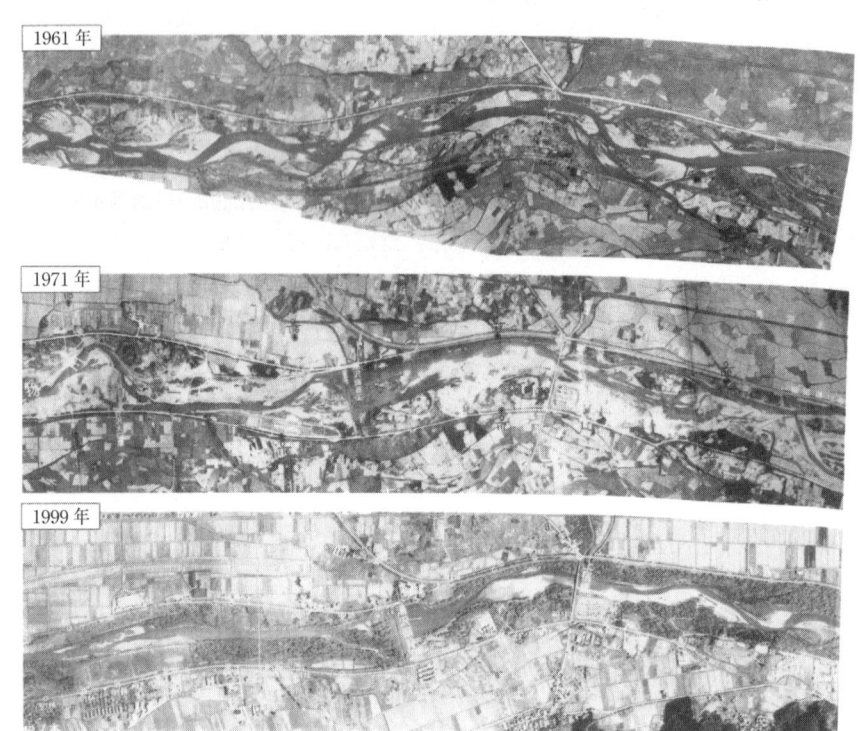

4. 生態系基盤としての河川地形に及ぼす自然的攪乱・人為的インパクトとその応答

写真-4.9 雄物川 114～118 km 付近河道（新庄河川事務所提供）

(8) 複合要因による砂州の変化

近年，多列砂州の存在するセグメント1の河道において，砂州が樹林化，島状化したりして，砂州の前縁線の不明瞭化，砂州形状の変形が生じている．ダムによる洪水流量の変化によって河床土砂の移動機会の減少，供給土砂の減少による澪筋の河床低下と固定化，河床掘削などが原因している．さらに近年，外来種であるハリエンジュが礫床河床における先駆植生として入り込み，生長速度の速さもあり砂利州の樹林化，氾濫原化をより促進させている事例が増加している．

(9) 複合要因による地下水流動の変化

横断構造物，護岸，河床掘削，河道平面形の改変は，平水時の河川水位，砂州形状，地層等を変化させ，地下水位とその流動状況を変え，湿地面積やたまり面積の

変化，植生・動物の種構成に変化を与えた．

4.5 小規模河川地形と人為的インパクト

4.5.1 小規模河床波

河床には，水理条件と粒径に応じて**表-4.8**に示す小規模河床という河床波(これらは砂州と共存可能である)が発生し，これが流れの抵抗係数 ϕ や流砂量に大きな影響を与える．

どのような河床波が生じるか，またどのような ϕ の値になるか，ほぼ均一粒径，定常流の条件については，無次元量 $R_{e*}(=u_*d/\nu)$，τ_*，H/d の3量に規定され，その関数関係が明らかにされている[山本(1985，1994)]．**図-4.40** に粒径 0.5 mm の均一粒径材料の小規模河床波領域区分図を示す．粒径が異なると，この領域区分図は多少変化するが，あまり変わらない．実河川では，河床材料が混合粒径であること，流量が一定でないこと，横断方向に水深が異なることなどにより，均一粒径材料と領域区分，ϕ の値(すなわち，河床波の形・スケール)が多少異なる．

セグメント1では，平均年最大流量より大きな流量時の小規模河床波は基本は平坦であるが，勾配1/150以上では河床の一部に反砂堆が生じる．逆に1/250以下では一部に砂堆が生じる．セグメント2-1では，平均年最大流量時には平坦河床で

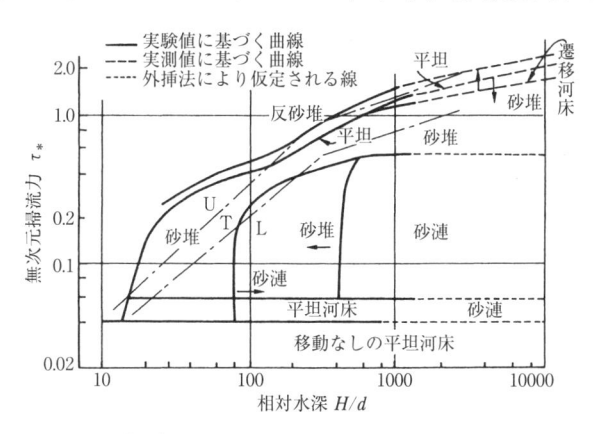

図-4.40 小規模河床波の領域区分($d=0.05$ cm の場合)[山本(1985)]

4. 生態系基盤としての河川地形に及ぼす自然的撹乱・人為的インパクトとその応答

表-4.8 河床波の特徴と定義 [土木学会水理委員会 (1973), 微修正]

河床形態		形状・流れのパターン			移動方向	河床波の特性
		縦断図	平面図			
小規模河床形態	低水流領域	砂漣		直線状	下流	河床波の移動速度は、流水の速度よりも小さい。砂漣の波長は河床材料の粒径の約500〜1500倍である。
		砂堆		曲線状 三日月状 舌状	下流	河床波の上流側斜面は、通常勾配の急な下流側斜面に比べると穏やかに傾斜している。砂堆の波長は水深の約4〜10倍である。
		遷移河床				発達の初期段階にある小さな砂漣と砂堆が平坦河床の間に広がっている。
	高水流領域	平坦河床				多量の砂流が平坦な河床上を流れている。
		反砂堆			上流 停止 下流	河床波と同位相の水面波と強い相互干渉を持つ河床波。
中規模河床形態		交互砂州		L_s	停止 下流	水流は水路内を曲がりくねって流れる。交互砂州の波長は水路幅の約5〜16倍である。
		複列砂州		B_s L_s	下流	—
		うろこ状砂州			下流	うろこ状砂州は B/H が非常に大きい流域で発生する。それは魚のうろこのように見える。

130

4. 生態系基盤としての河川地形に及ぼす自然的攪乱・人為的インパクトとその応答

表-4.9 床内川小セグメント区分とその河道特性量

大セグメント	セグメント3	セグメント2-2					セグメント2-1		
小セグメント	3	2-2-④	2-2-③	2-2-②	2-2-①	2-1-②	2-1-①
距離程 (km)	−2〜0.8	0.8〜8.0	8.0〜14.0	14.0〜17.8	17.8〜21.0	21.0〜25.7	25.7〜36.0
川幅 (m)	500→130 (下流)(上流)	約100 (4〜8km)	約110	約120	約105	約140	約130
平均水深 (m)	2.5〜3	5.4*	4.9〜5.6	4.1	3.8	2.5	2.7
河床勾配 I_b	逆勾配	レベル	1/2 900	1/1 400	1/1 200	1/740	1/560
2000年洪水水面勾配	ほぼ水平 (波の影響あり)	1/2 250	1/2 300	1/1 400	1/1 200	1/1 300	1/570
評価勾配		0.035	0.06		1/1 200	1/740	
ϕ	25	20 (transition)	12〜15 (transition)	13 (dune)	14 (imcomplete dune)	15	13
u_*^2 (τ_{*R}) (cm²/s²)	13*1	90*2 (1.6)	158〜183 (1.6〜1.9)	275 (1.2)	310 ($d=1$ cm, 0.19, $d=2$ cm, 0.08)	310 (0.055)	464
$B H_m$			21	29	28	55	57
d_R (cm)		0.035		0.3〜0.4	1 (礫は2〜5 cm)	3〜4	4〜5
コメント	・シルト・粘土であるが主流部に0.015 cm集団、0.035 cm集団がある。・幅が下流に向けて広がり、−2 kmで約500 m。*1 河積とQ_mよりV_mを求めϕ=25として評価した。	・下流部は浅い所はシルト集団である。・4 km以下は川幅130 m。*2 粒径0.035 cmの一般的なu_*^2	・0.35 cm集団と0.8 cm集団の混在物。	・礫混じり中砂・礫Max 2 cm	・礫と中砂半々ぐらいMax 5 cm。・八田川17.8 kmで合流する。・2000年洪水後19.9 km地点に礫のduneあり。	・川幅広いところ200 m、複列的砂州あり。・川幅が縮小化傾向。	・C集団は13 cm。・4.0 kmより上流は下刻化傾向にある。・34 km以上はC集団が多くなる。

←Q_m = 1 014 m³/s→   ←Q_m = 982 m³/s→

4.6 大洪水と河道の応答：大洪水はカタトロスフィックか

らピーク水位時約 600 m³/s が流入した，と評価されている．洪水水位は，計画高水位を超え，国道 1 号一色橋右岸（約 4.5 km 地点）では越流した．ちなみに庄内川の基本高水は，4 500 m³/s(200 年確率)である．

本洪水によって河道に働いた掃流力は，堤防の低かった時代は氾濫してしまい水位が高くならないので，歴史時代以降最大であったと推定される．大洪水によるセグメント 2-1，2-2 における河道変化の程度を評価するに適切な洪水であったといえる．

(5) 2000(平成 12)年 9 月洪水による河道の変化

2000 年 10 月 2～3 日，洪水後の河道の変化(侵食・堆積状況，植生の変化状況)を河口から 32 km 区間について現地調査(河道変化状況のメモ，写真撮影等)を実施した．建設省中部地方建設局庄内川工事事務所から痕跡水位調査結果，河道縦横断図，河床材料調査結果(1999 年と 2000 年における河床材料調査結果，ただし，20 km より上流は線格子法による表層材料の調査結果)，洪水時および洪水後(9 月 13 日撮影)の航空写真等の情報提供を受け，洪水による河道変化状況を把握した．さらに，河道変化調査地点の洪水時最大水深 h_M，水面勾配 I_w を求め，これにより地表面に働く掃流力 τ を $wh_M I_w$ として評価した．なお，以下では掃流力 τ を水の単位体積密度 ρ_w で除した摩擦速度の 2 乗 u_*^2 で表示してある．u_*^2 の 1 cm²/s² は τ の 0.1 N/m² に相当する．評価した値は，洪水後の様子を記した文章の末尾に括弧閉じで記した．

以下，観察結果をとりまとめる．

① セグメント 2-1 における高水敷の侵食と堆積：ポイントバーの上流部は，**写真-4.12** のように低水路から運ばれた礫が堆積した（$u_*^2 = 370$，400 cm²/s²）．礫が運ばれなかった堤防寄りの表層は侵食された（$u_*^2 = 310$，360，410 cm²/s²）．ポイントバーの後半部は，礫がそこまで運搬されなかったので，一部表層を侵食して溝を形成したが大部分は**写真-**

写真-4.12 30.4-31.4km 区間，グランド上に堆積した礫州

写真-4.13　28km付近高水敷上の堆積状況

写真-4.14　27.8km付近のグランド表土の侵食

写真-4.15　13.8km付近の死水域部の堆積物状況

4.13のように中砂・細砂が堆積した（$u_*^2=170, 290 \text{ cm}^3/\text{s}^2$）．

高水敷が運動公園のグランドである所の一部が**写真-4.14**のように侵食された（$u_*^2=130, 190 \text{ cm}^2/\text{s}^2$）．

② セグメント2-2における高水敷の侵食と堆積：高水敷は一部侵食された所があったが，人為的な影響がある所（搬入表層材料，構造物）であり，基本的には堆積空間であった．河岸寄りには中砂が河畔堆積物として堆積した（**写真-4.5参照**）．流速の遅い所（死水域状，小田囲遊水地および旧堤防背後）には，**写真-4.15**のように細砂混じりシルト（粘土を5～10％含む）が堆積した．

③ セグメント3における高水敷の侵食と堆積：高水敷においては地形変化は大きくなかったが，薄く細砂が堆積した（$u_*^2=30 \text{ cm}^2/\text{s}^2$）．

④ 草本類の流水に対する耐力：宇多ら（1997）は，草本類の流水に対する倒伏するかどうかは，以下のようであるとした．

・堅い草が繁茂している場合；ヨシ，ススキ，セイタカアワダチソウ等に代表される高さ1～3mに達する堅い草は，u_*^2が144 cm^2/s^2以下で直立，144～

484 cm²/s² でたわみ，484 cm²/s² 以上では倒伏する．

・柔らかい草が繁茂する場合；エノコログサ，イヌエビ，ネズミムギ等に代表される．地表面近傍から多数の葉が生えており，かつ比較的曲がりやすい茎を有する草は，u_*^2 が 49 cm²/s² 以下で直立，49～225 cm²/s² でたわみ，225 cm²/s² 以上では倒伏する．

以上の評価は，数少ない水路実験データを用いて評価したものである．今回の洪水による植生の倒伏状況と洪水ピーク時の掃流力値より判断すると，堅い草が繁茂している場合の上述の標準値は少し小さいようであるが，ほぼ妥当であると判断された．

草の生えた所は，流水に対して侵食抵抗性が大きく，草地は u_*^2 が 600 cm²/s² の所においても存置していた(6～7 cm 程度の粒径集団が移動しえる掃流力である．河岸侵食部の層序構造において砂層の上に砂利層が乗っているのは，洪水前，草本類が表層を覆った砂州頂部や湾曲部滑走斜面上に砂利が堆積したものである)．

植生のある土壌の侵食は，植生の被度の少ない土壌の侵食により，草の根を含めて土壌が捲くれあがることにより生じる．一方，運動公園のグランド土は，セグメント 2-2 の河道においても侵食される．

⑤ 河畔堆積物の堆積条件：河岸付近に河畔堆積物として堆積する砂は，低水路において洪水ピーク水位時 u_*/ω が 3～4 程度であり，砂は低水路において水面近くまで舞い上がれる浮遊砂の状態であった．河岸付近の高水敷上においては 2～3 程度であった．

河岸付近の高水敷上の u_*/ω の値は，十分に砂堆形状を形成しうる掃流力であるが，河畔堆積物は帯状に堆積し砂堆形状とはならない．河岸付近高水敷で流速が急激に落ち，流水の砂輸送能力が急変し沈降堆積した地形なのである．流水が低水路から高水敷に流れ込むような所では，帯状の河畔堆積物より堤防側高水敷において砂が砂堆形状をつくりながら移動していた．

4.6.3 セグメントごとの大洪水に対する応答特性

沖積河川の河岸満杯流量は，セグメント 3 を除けば概ね平均年最大流量に近い (河岸高は，河川の側方移動，氾濫原の土砂堆積速度，河床上昇速度の関数である)．平均年最大流量は，年第 1 位流量を平均化したもので，年確率で 2.3 年程度

4. 生態系基盤としての河川地形に及ぼす自然的撹乱・人為的インパクトとその応答

である．100年確率洪水流量は，地域によって異なるが，平均年最大流量の5～10倍程度である．この程度以上の洪水を大洪水といおう．可能性としてある洪水流量は，十分な検討がなされていない．流域面積の小さいほど可能最大洪水流量と平均年最大流量との比は大きくなる．雨量観測点での日降雨量の観測実績からいえば[花籠(1973)]，日本の小流域河川ではこの比が3程度になる可能性にあるが，流域面積5000 km² 以上の河川では1.5倍程度以下であろう．

セグメントMの河川で谷幅と河道幅がほぼ等しい狭窄部では，大洪水時の水深は平均年最大流量時の水深の3倍程度，谷幅が河道幅の4～5倍であれば2～2.5倍程度となろう．

谷幅が大きく開ける沖積地河川では，堤防がなければ氾濫してしまうので，セグメントMの河川ほどとはならず，せいぜい1.5倍程度であろう．堤防で洪水を閉じ込めてしまうと，河口付近を除き，大洪水時の低水路部の水深は平均年最大流量時の2～3倍となる．

河床に働く掃流力は，水深に比例するので，大洪水時の低水路部の平均掃流力は，平均年最大流量時の1.5～3倍に，氾濫原部は，平均年最大流量時の低水路河床平均掃流力の0.5～2倍にもなる．ただし，直轄河川では，1960年代から1970年代にかけての河床掘削により低水路部が2～3 m程度低下した河川では，可能性としてある大洪水時の氾濫原部(高水敷)の水深は，以前より小さくなるので，0.5～1倍程度であろう(河床掘削により掘り残された所や高水敷化された所は除く)．このような大きな掃流力によって河道はどのように変化するのか，以下セグメントごとにとりまとめる．

(1) セグメントM

セグメントMの河道は，沖積地のセグメントに比較して山地部を流下するため，土砂発生源に近いことから，土砂の分級程度が悪く，また発生源土砂供給の変動の影響を受けやすい．また，沖積堆積物の厚さも薄く，河床あるいは河岸には山地，丘陵地，段丘をつくる構成物が露出する場合が多い．

セグメントMの河道においては，河川が流下している近傍の地形・地質と地形発達史の情報なしには，その特性を記述し得ないところがある．大洪水による河道の変化についても同様である．その中で特に重要な説明要素としては，谷幅川幅比，河床材料，勾配，河道周辺の岩質・土質，山地の地形・地質である．

4.6 大洪水と河道の応答：大洪水はカタトロスフィックか

- 上流に盆地あるいは川幅の広い遊砂地的空間等を持つ狭窄部；このような河道は，河床・河岸に基岩が露出することが多い．河床に側岸から供給された大岩が存在することもある．このセグメントは土砂の輸送区間であり，横断構造物による流木の堆積や崖崩壊がなければ，大洪水時においても供給土砂量より土砂の運搬能力が上回るため，河床の上昇は生じない．
- 谷幅川幅比が1に近いセグメントM；このような河道の大部分は，下刻作用が卓越する侵食河道である．平均的に見れば，上流からの供給土砂量より流送能力の方が卓越している．大洪水により山地部の崩壊や土石流によって土砂供給量が急増し，河川の運搬能力を上回れば河床に土砂が堆積し河床が上昇する．一般に大洪水後は，山地部の崩壊等により供給土砂量の増大がなくても，河岸および狭い氾濫原が侵食されるため，谷幅一杯が川原状となる．
- 谷幅川幅比が3〜10程度のセグメントM；沖積地の幅が川幅の3〜10倍程度である河川の河道特性は，基本的には同一代表粒径，河床勾配を持つセグメント1あるいは1-2の河道と同じような特性を持つ．ただし，所々に基岩が露出し，そこがニックポイントとなり，河床の縦横断形の変動を規制している．

河床勾配が1/100以上ある急勾配の河川では，大洪水時氾濫原の流速が表土を剥がし，また表土および表土下の河川堆積物が移動しうるので，川幅の拡大と新水路の形成がなされ，流路幅が元の川幅の数倍になる．一方で，侵食された土砂の粗粒分の堆積により，河床は上昇する．

那珂川支川余笹川(流域面積127 km^2，幹川流路延長36 km，検討対象区間長25 km，河床勾配約1/100)は，1998(平成10)年8月大洪水(余笹川水系内にある那須観測所において総雨量1 200 mm，最大日雨量554 mm，最大時間雨量90 mm，数百年に1回の洪水と評価されている)に襲われた．これにより川幅(30〜40 m)が洪水前の3〜6倍に拡大した[須賀ほか(2000)；伊藤ほか(2000)]．**図-4.46**に谷幅と洪水による侵食幅(河岸侵食によるものと表層を侵食し河道状となった幅の和)を示す．余笹川は，狭い沖積谷を蛇曲して流れ，氾濫水は直進し氾濫原(水田)の表土を剥がした．氾濫原の水深は2 m程度であり，u_*^2は1 300〜1 400 cm^2/s^{2}程度と評価される．水田上の流速は4〜5 m/sであったと推定され，水田土壌を侵食するに十分な流速であった．

関川(流域面積1 143 km^2，幹線流路延長64 km)は，1995(平成7)年洪水[河口より8.2 kmにある高田流量観測所における洪水ピーク流量は，氾濫戻しで

参考文献

- 藤田光一,平舘治,服部敦,山内芳郎,加藤信行:水系土砂動態マップの作成と利用―涸沼川と江合川の事例から―,土木技術資料,41-7,pp. 42-47,1999.
- 矢作川の伝統工法を観察する会:矢作川の伝統工法,pp. 143-147,中部建設協会,2001.
- 山下昇ほか編集:日本の地質5中部地方Ⅱ,pp. 130-134,共立出版,1988.
- 山本晃一:礫河床のサンプリングと統計処理,土木技術資料,Vol. 13-7,pp. 354-358,1971.
- 山本晃一:急流河川の河床材料調査法と表面粒度特性,土木研究所報告,第147号,pp. 1-20,1976.
- 山本晃一:河口処理論[1],土木研究所資料,第1394号,pp. 47-53,1978.
- 山本晃一:一様砂からなる開水路移動床の抵抗と流砂量,土木学会論文集,第357号/Ⅱ,pp. 56-64,1985.
- 山本晃一:気候・地形・地質が河道特性に及ぼす影響に関するノート,土木研究所資料,第2795号,pp. 101-122,1989.
- 山本晃一:沖積低地河川の河道特性に関する研究ノート,土木研究所資料,第2912号,pp. 112-155,1991.
- 山本晃一:扇状地河川の河道特性と河道処理,土木研究所資料,第3159号,1993.
- 山本晃一:沖積河川学,pp. 1-337,山海堂,1994.
- 山本晃一:河道計画の技術史,補章 沖積河川の河道特性,pp. 603-640,山海堂,1999.
- 山本晃一:長江中―下流部の河道特性,河川環境総合研究所報告,第6号,pp. 107-138,河川環境管理財団,2000.
- 山本晃一:構造沖積河川学,pp. 1-667,山海堂,2004.
- 山本晃一編著:護岸・水制の計画・設計,山海堂,2003.
- 山本晃一,高橋晃,佐藤英治:河道平面形状と砂州の関係に関する基礎調査,土木研究所資料,第2806号,1989.
- 山本晃一,藤田光一,佐々木克也,有澤俊治:低水路川幅変化における土砂と植生の役割,河道の水理と河川環境シンポジウム論文集,土木学会水理委員会水理部会,pp. 233-238,1993.
- 山本晃一,高橋晃,林正男:黒部川の河道特性と河道計画,土木研究所資料,第3139号,1993.
- 山本晃一,藤田光一:土砂の制御は可能か,科学,Vol. 69,No.12,pp. 1060-1067,1999.
- 李参熙,藤田光一,塚原隆夫,渡辺敏,山本晃一,望月達也:礫床河川の樹林化に果たす洪水と細粒土砂流送の役割,水工学論文集,第42巻,pp. 433-438,1998.
- 渡辺敏,藤田光一,塚原隆夫:安定した砂礫州における草本植生発達の有無を分ける規定要因,水工学論文集,第42巻,pp. 439-444,1998.
- 渡良瀬川遊水地の自然保全と自然を生かした利用に関する懇談会:渡良瀬川遊水地の自然保全と自然を生かしたグランドデザイン,付属資料,2000.

- Coleman, J. M. : Brahmaputra River : Channel processes and sedimentation, *Sedimentary Geology*, Vol. 3, pp. 129-239, 1969.
- Horton, R. E. : (1945) Erosional development of streams and their drainage basins ; hydrophysical approach to quantitative mororphology, *Bull. Geol. Soc. Am.*, 56, 1945.
- Kondrat'yev, N. Y. : Hydromorphological principles of computation of free meandering, *Trans. of the State Hydrologic Institute* (Trudy GGI), No. 155, pp. 5-38, 1968.
- Madduma Bandara, C. M. : . (1974) Drainage density and effective precipitation, *J. Hydology*, 21, pp. 187-190, 1974.
- Meade, R. H. : Movement and storage of sediment in rivers of the United States and Canda, The Geology of North America, Vol. 0-1, Surface Water Hydology, The Geological Society of America, pp.

255-280, 1990.
- Shields, A. : (1936) Anwendung der Ahnlichkeitsmechanik und der Turbulenzforchang auf die Geschiebewegung, itteilungen der Prussischen Verschsanstalt fur Wassenbau und shiffbau, Berlin, Germany, 61, 1936.
- Strahler, A. N. : Dynamic basis of geomorphplogy, *Bull. Geol. Soc. Am.*, 63, 1952.

5. 河川における自然的攪乱・人為的インパクトと河川固有植物・外来植物のハビタット

(星野義延・清水義彦)

5.1 概　説

　河川の生態系は，陸域と水域の境界域エコトーンであることや，常に上流から下流への物質の流れの中にあるため，通常の森林や草原等の閉鎖的で比較的均質な生態系とは大きく異なる特性を持っている．河川の流量は，集水域の気象条件や地理条件によって決まり，人間の影響等を受けるため(2. 参照)，大きく変動する．このため，洪水による攪乱とそれによる不安定さは河川生態系にとって本来的・本質的なものである(1. 参照)．このため，河川生態系は，この点でも他の生態系とは著しい違いを内在している．

5.1.1 河川生態系とは

　河川生態系は，狭義に捉えれば，川の流れ，流路の中の生態系であり，藻類，水生昆虫や魚類等の水生生物とその基盤となる水と川底の礫や砂等の物理的環境から構成されたものとなる．

　一方，河川では河岸が侵食され，土砂が堆積して砂州が発達するとともに，流路の位置は変動する．このため，元の流路には本流とは異なる停滞水域が形成される．このような河川に特徴的な地形形成は，そこに特有な動植物の成育・生息ハビタットを提供することになる．広義の河川生態系は，こうした川の作用が及ぶ範囲

5. 河川における自然的攪乱・人為的インパクトと河川固有植物・外来植物のハビタット

に形成される河川域の生態系を指すものである．広義の生態系は，水域や陸域を含み，立地の状態や攪乱後の経過年数も様々であるため，不均質である．

生態系の概念の中で，生態ピラミッドは生態系を食物連鎖とエネルギーの流れから捉えた最もよく知られているモデルである．バイオマス，個体数およびエネルギーの3つのピラミッドが知られている．一般的に，エネルギー量は生産者，一次消費者，二次消費者の各栄養段階で減少し，ピラミッド型になるとされる．栄養段階間でのエネルギーの流れを理解するためには，ある段階から次の段階に移る際のエネルギーの変換効率が重要である．変換効率は，消費効率，同化効率，生産効率からなる．

森林生態系が比較的閉鎖した系を形成しているのに対して，河川生態系の場合，系外から系内，系内から系外への物質の移動が大きく開放系に近いため，図-5.1 で示されるような生態ピラミッドの概念を適用して捉えられる河川生態系の構造は意外に思われるかもしれないが，かなり限定的であり，具体的な種名を入れることによって誤解を招くものとなっている．加えて，河川流水中では，系外の陸域からもたらされる落葉や昆虫等が消費者の餌資源となる割合が高く，腐食連鎖が卓越しているとされる．陸上生態系においてさえ，植食動物の消費効率(この場合，植物の生産物のうち植食動物が食べる分の割合)と同化効率(この場合，摂取した量のう

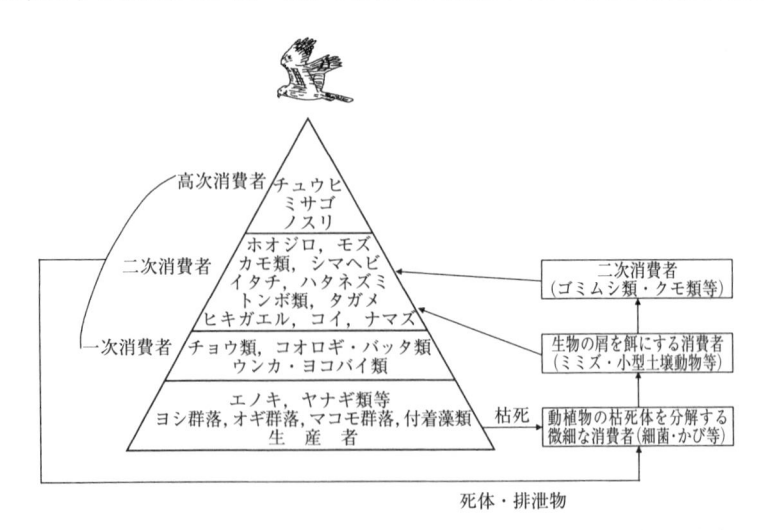

図-5.1 河川植生を基盤とした生態系の成り立ち[河川の生育特性に関する研究会 (2000)]

ち植食動物が成長や活動等に利用できるようになった分の割合)が低いため，生食連鎖は生態系のエネルギーの流れを考えるうえでそれほど重要でないとされている．

一応，食う食われるの関係は，生物間の関係の中でも最も重要である．生物間の食う食われるの関係は網目状になっているために食物網と呼ばれている．食物網は，生物群集におけるエネルギーと物質の移動を具体的に表したものであり，生物群集の構成種を捕食-被食関係から捉えた模式であるといえる．食植性昆虫の多くは，特定の分類群に属する植物を採食している．これには植物が被食を免れるために発達させている被食に対する防御が関係しているためである．さらに，多くの植食性昆虫は花粉や種子，果実等の植物の特定の部位を採食している．このため，花粉を運ぶ送粉共生や，種子を散布させる種子散布共生といった共生関係も食う食われるの関係の中に一部が内包されている．

このことは広義の河川生態系では，モザイクに配置される立地環境とそこに成育する植物や植生の構成や構造が生食連鎖系の生産者という位置にとどまらず，植物遺体や落葉・落枝の供給や種特異的な相互作用系を通して生態系全体に大きな影響をもたらすことを示唆している．

5.1.2 河川における生態の遷移

河川に限らず生物群集の構造や構成には，攪乱が重要な役割を果たしていることが知られている．河川は洪水による攪乱によって生態系や生物群集の構造が大きく変化するため，河川生態系を理解するうえで攪乱の規模や頻度についての情報は，本質的に重要である．

河川には頻繁に生じる攪乱の影響で，長い時間をかけて形成される極相といえるような状態の生物群集はほとんど存在していない．また，洪水による攪乱は河川域に一様に作用するわけではないので，洪水後の河川域には様々な遷移段階にある生物群集がモザイク状に配置されていることが普通である．特に，新たな裸地等が形成された直後に出現し，短い期間で消失してしまう遷移初期に出現する生物や生物群集の存在は河川生態系を特徴づけている．

生態学における遷移概念に自律遷移と他律遷移がある．自律遷移とは，環境形成作用と呼ばれる生物とその環境との相互作用によって生じる遷移のことで，生物群集自体が環境を変化させることによって生じる変化を指すものである．一方，他律遷移は，外的な環境の変化によって生物群集が移り変わるものを指す．ただし，他

5. 河川における自然的攪乱・人為的インパクトと河川固有植物・外来植物のハビタット

律遷移であっても遷移のプロセスには多少なりとも環境形成作用が関わっているため，厳密な意味での他律遷移を野外で認めるのは容易でないが，洪水等に伴う物理基盤の変化の大きい河川環境では，他律的な遷移プロセスが卓越しているとみなせる．

このため，潜在的な立地の概念に基づく潜在自然植生の推定には，河川では特に自然的攪乱と人為的インパクトに伴う，生育基盤の変化の把握が必須である．

5.1.3 河川植生と物理基盤の相互依存性

以上のように植生は河川地形(河床，河岸)という物理基盤に成立するため，「物理基盤−植生」，「植生基盤−河川生態系」と関連づけて河川の生態系を理解することが必要である．

一方，植生の存在は，河床堆積物の堆積のプロセスに影響を及ぼすことも知られている．このため，河川植生は，河道特性の影響を大きく受けるとともに，一方では，植物の繁茂により洪水時の水理条件を変化させ，堆砂を促進させたり，根系の発達等により移動粒径を変化させたりする．すなわち，植生の発達と河川地形の形成は相互に関連しているとみなせる．こうした視点で，河川の物理特性と植生の関係を構造的に理解することも，河川生態系の理解に大きく寄与する．

5.2 河川における自然的攪乱・人為的インパクトと植物の反応

河川に外来植物が繁茂することはよく知られており，アレチウリ，オオブタクサ，ハリエンジュ，セイタカアワダチソウ，オニウシノケグサ，シナダレスズメガヤ等の旺盛な成育が顕著である［外来種影響・対策研究会(2001)］．日本の河川域に分布する植物に占める外来植物種の割合は，河川によって異なるが，通常，20%前後のことが多い．一方，河川にはカワラノギク，カワラニガナ等の河川固有の植物群も成育し，礫河原等の特定のハビタットを成育地としている．このような外来植物や河川固有植物が実際にどのようなハビタットに成育しているのかを個々の種について検討してみると，それぞれの種によって成育する場所は異なっている．このため，外来植物や河川固有植物のハビタットを考えるうえでは，洪水等の攪乱によ

5. 河川における自然的攪乱・人為的インパクトと河川固有植物・外来植物のハビタット

TWINSPANによる分類の結果，調査地点は特徴的な分布を示す指標群落によって調査区群1から調査区群6までの6つのタイプに類型(**表-5.4**)され，それぞれのタイプは特徴のある分布を示した．調査区群1は，多摩川本流の下流部と野川，仙川，残堀川等の台地上を流れる中小河川の調査地点が主に含まれていて，本流では野川合流点よりも上流側には見られない(**図-5.5**)．調査区群2にまとめられた調査地点は，主に多摩川本流の中流域に分布し，多摩川支流の浅川にも見られる(**図-5.6**)．さらに調査区群3にまとめられる調査地点は，台地や丘陵を流れる小河川に分布し(**図-5.7**)，調査区群4は，主に段丘崖下部や丘陵谷底部の湧水地点の調査区がまとめられた(**図-5.8**)．また，調査区群5は，主に山地の本流域の渓流部(**図-5.9**))，調査区群6は，同じ山地にあっても支流部の渓流域の調査区がまとめられた(**図-5.10**)．

表-5.4 多摩川における優占群落の出現に基づく調査区のTWINSPAN分類[星野(2001)]

指標群落		調査区群					
		1	2	3	4	5	6
	調査区数	30	22	12	6	20	15
オオイヌタデ群落		Ⅲ	Ⅴ	Ⅲ	Ⅱ	r	+
オサヨシ群落		Ⅲ	Ⅳ	Ⅴ	Ⅴ	r	・
オオブタクサ群落		Ⅲ	Ⅴ	Ⅴ	Ⅱ	・	・
オギ群落		Ⅳ	Ⅳ	Ⅰ	Ⅴ	・	・
ナルコスゲ群落		・	+	+	・	Ⅴ	Ⅴ
ヒメウツギ群落		・	・	・	・	Ⅲ	Ⅳ
タマアジサイ群落		・	・	+	Ⅰ	Ⅱ	Ⅳ
アメリカセンダングサ群落		+	Ⅱ	Ⅳ	Ⅳ	Ⅰ	・
コアカソ群落		・	r	Ⅲ	Ⅱ	・	・
セリ群落		+	Ⅰ	Ⅲ	Ⅲ	+	+
キショウブ群落		+	Ⅰ	Ⅲ	Ⅱ	r	・
ヤナギタデ群落		Ⅱ	Ⅳ	・	・	Ⅰ	+
クコ群落		Ⅱ	Ⅱ	・	・	・	・
ウワバミソウ群落		・	・	・	・	Ⅱ	Ⅳ
イワタバコ群落		・	・	・	・	+	Ⅳ
クサコアカソ群落		・	・	+	Ⅰ	Ⅰ	Ⅳ
カラムシ群落		+	Ⅰ	+	Ⅰ	Ⅲ	・
ネコヤナギ群落		・	Ⅰ	・	・	Ⅲ	・
ツルヨシ群落		Ⅰ	Ⅳ	Ⅱ	・	Ⅳ	Ⅱ
イタドリ群落		Ⅰ	Ⅴ	Ⅱ	Ⅰ	Ⅱ	Ⅱ
マルバヤハズソウ群落		・	Ⅳ	・	・	・	・
タチヤナギ群落		Ⅰ	Ⅲ	Ⅰ	Ⅲ	・	・
サンカクイ群落		Ⅰ	Ⅱ	・	Ⅲ	・	・

・：出現なし　r：常在度5％以下　+：6〜10％　Ⅰ：11〜20％
Ⅱ：21〜40％　Ⅲ：常在度41〜60％　Ⅳ：61〜80％　Ⅴ：81〜100％

5.3 河川における植物群落の分布と河道特性

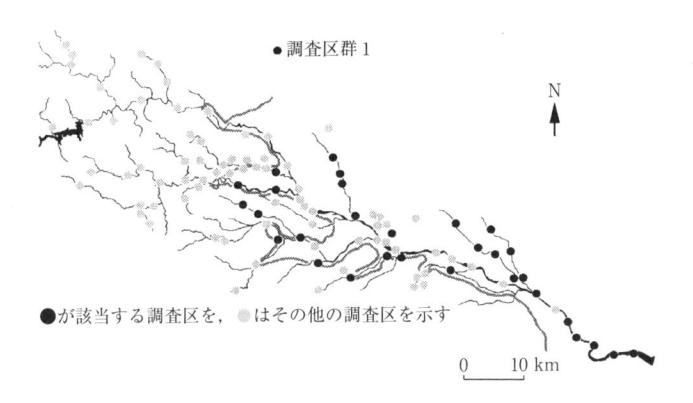

図-5.5 植物群落を用いた TWINSPAN による多摩川の調査地点の分類(1) [星野(2001)]

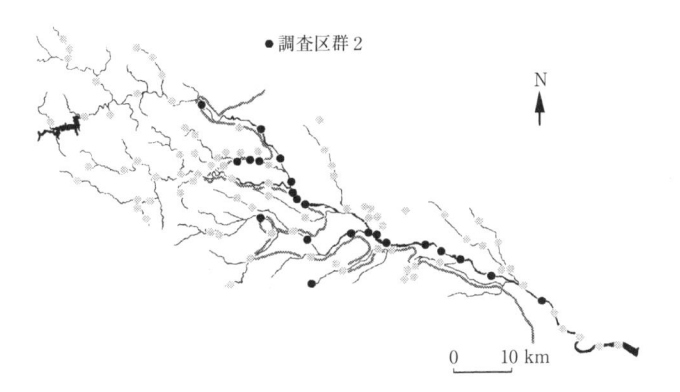

図-5.6 植物群落を用いた TWINSPAN による多摩川の調査地点の分類(2) [星野(2001)]

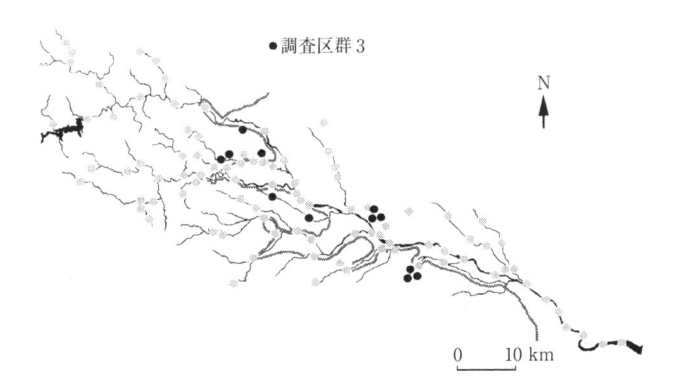

図-5.7 植物群落を用いた TWINSPAN による多摩川の調査地点の分類(3) [星野(2001)]

5. 河川における自然的攪乱・人為的インパクトと河川固有植物・外来植物のハビタット

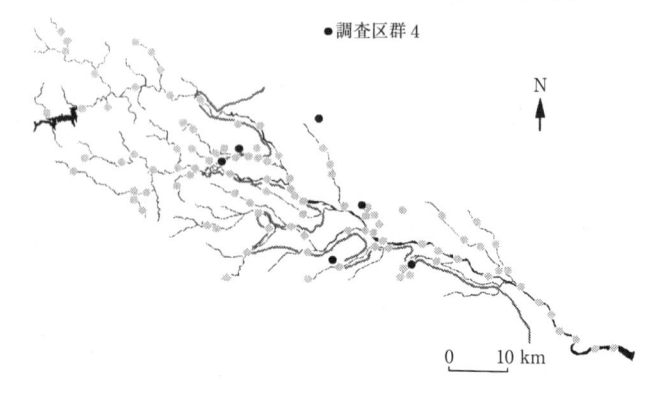

図-5.8 植物群落を用いた TWINSPAN による多摩川の調査地点の分類(4) [星野(2001)]

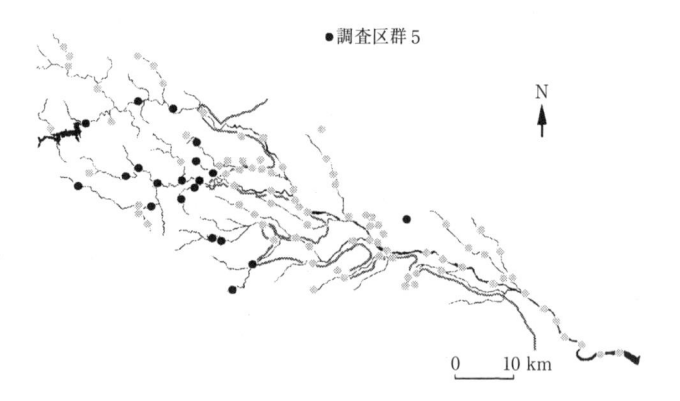

図-5.9 植物群落を用いた TWINSPAN による多摩川の調査地点の分類(5) [星野(2001)]

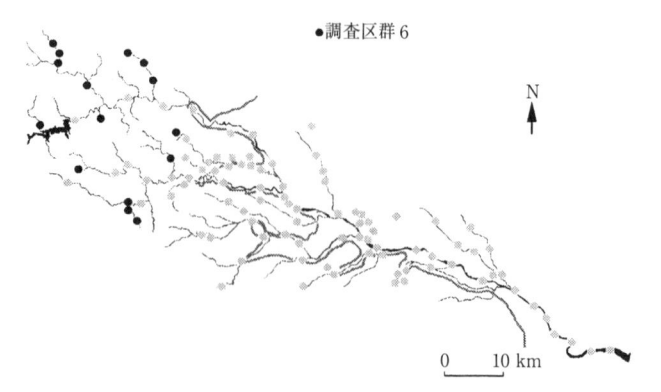

図-5.10 植物群落を用いた TWINSPAN による多摩川の調査地点の分類(6) [星野(2001)]

5.3 河川における植物群落の分布と河道特性

このように，植物群落は河道特性による区分や支流・本流等の河川の形態と比較的よく一致した分布傾向を示しているといえる．中小河川や湧水地点の調査区を除けば，多摩川の本流，主要な支流においては，セグメントMで調査区群5が，セグメント1では調査区群2が，セグメント2で調査区群1がそれぞれ対応して分布している．また，中流域のセグメント1にはカワラヨモギ群落，カワラノギク群落，カワラニガナ群落等，現在減少傾向が報告されているような河原に特徴的な植物群落が分布している（図-5.11）．

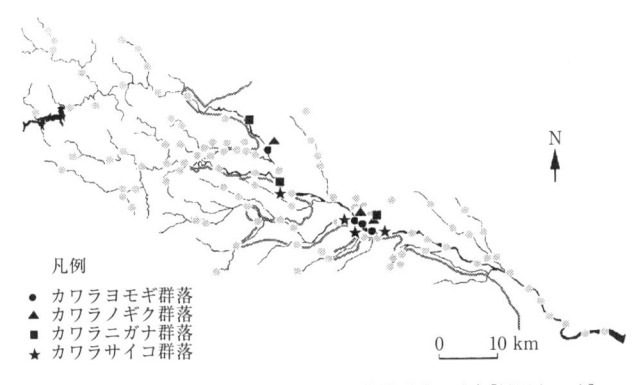

図-5.11 多摩川における河原に特徴的な植物群落の分布［星野(2001)］

このように，河川に成育している植物群落の分布情報のみを用いたTWNSPAN法による類型によって抽出されたグループが河川のセグメント区分や本流，支流等の類型との対応が見られることは，植物群落の分布特性が大きくは，河川の特性によって規定されていることを示すものである．

5.3.3 多摩川以外の河川における研究例

大場(1985)は，相模川の植生の組成と分布を調査し，植物群落を河口型，下流域型，河口—中流域広布型，中流域型，上流域型，源流域型の6つの分布類型にまとめている．大場による相模川の植物群落の分布類型も，基本的には多摩川で行ったTWINSPAN法による類型の結果とよく対応しているようである．このため，基本的な植物群落の分布特性は，多摩川と相模川では大きくは違っておらず，河川のセグメント区分と対応しているといえる．なお，相模川では中流型の植物群落の一部が衰退し，これに代って河口—中流域広布型の植物群落が勢力を拡大していること

が指摘されている.

星野,吉川(2001)の研究から鬼怒川の中流河川敷に点在する河跡池(旧河道に生じる水域)の植生も河道特性と深く関連していることがわかってきている(後述).さらに,外来植物,特に北米原産の外来植物が優占する群落は,下流域で多くなる傾向が認められ,外来植物の侵入にも河道特性が関係しているものと考えられる.

5.4　河川における自然的攪乱と河川固有植物

河川を特徴づける植物として,佐々木(1995b)はカワラノギク,カワラハハコ等の18種をあげている.また,梅原(1996)は河川に固有な在来植物を渓流沿い植物,丸石河原の植物,原野(低湿地)の植物に分け,日本の代表的な渓流植物としてヤシャゼンマイ等の21種を,丸石河原の代表的な植物としてカワラノギク等の12種をあげている.なお,日本の渓流植物に関しては,山中(1993)が29種をあげている.これらの河川固有植物ともいうべき植物の分布特性と自然的攪乱との関連性を渓流域,中流域,蛇行域に分けて検討を行った.

5.4.1　渓流域における自然的攪乱と河川固有植物

渓流植物は,世界的に見ると熱帯アジアに最も多くの種が分布している.日本では降水量が多く,温暖な西日本の太平洋側や西南諸島に多くの種が分布している.

(1)　秋川における渓流植物群落の分布特性

多摩川の支流のひとつである秋川では大規模なダムの建設は行われておらず,ヤシャゼンマイ等の渓流植物を構成種とする渓流辺の植物群落が見られる.ヤシャゼンマイは,流線型の葉と強い葉組織によって増水による破壊から逃れることができる典型的な渓流植物のひとつである.ヤシャゼンマイ群落は,渓流沿いの湿った岩壁に見られるが,群落の成立場所を詳しく見ると,渓流帯と呼ばれる河川増水によって影響を受ける場所に発達している.このような渓流辺の植物群落の分布と増水との関係を見るために,1997年に調査を行った.この年秋川渓流において最大の増水が観察されたのは6月の台風によるものであった.この時の冠水範囲を,増水痕跡調査によって冠水痕を調べた結果,ある地点で最大流量が観察された冠水高ま

5.4 河川における自然的攪乱と河川固有植物

での河川の横断面積は，大まかにはその地点より上流の集水域の面積と直線的な関係が認められた．ヤシャゼンマイの分布範囲をこの集水域の面積とヤシャゼンマイ群落が見られる位置までの河川の横断面積との関係で模式的に示した（**図-5.12**）．ヤシャゼンマイ群落は，年最大流量と平水流量時の水位推定線の間に分布していた．ヤシャゼンマイと同様に渓流植物とされるナルコスゲ群落の分布は，ヤシャゼンマイ群落とはやや異なる分布パターンを示している．すなわち，ナルコスゲ群落は，平水時の水際線に沿って見られ，水際から離れた場所では発達していない．また，集水域面積の小さい源流部まで分布している点もヤシャゼンマイ群落とは異なっていた．逆に増水による抵抗性を持たない落葉低木であるタマアジサイ群落や多肉質で軟らかい茎を持つ多年生草木であるウワバミソウ群落は，年最大流量の推定線より河川の断面積が大きくなる位置に分布しており，明らかにヤシャゼンマイ群落やナルコスゲ群落の分布パターンとは異なっていた．また，ヤシャゼンマイ群落は，渓流域でも源流近くの平水時と増水時の中間にあるいわゆる渓流帯が一定の面積を持たない場所では出現しない傾向があり，この点でも源流部まで分布するナルコスゲ群落やタマアジサイ群落とは違っている．

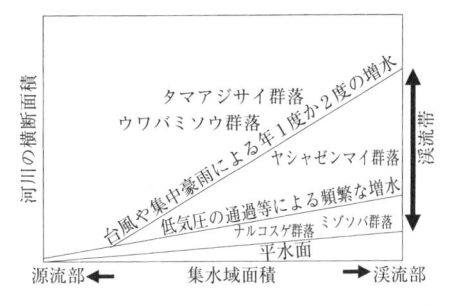

図-5.12 秋川渓流域における主な植物群落の分布模式（横軸は調査地点より上流の集水域の面積，縦軸は対象植物が生育している地点までの河道断面積を表す）

（2） 渓流域における攪乱と植物の反応

河川敷の植物と同様に，強い攪乱とストレス下に見られる渓流植物を例に攪乱と植物の反応について検討した結果，渓流植物は，ストレス耐性を持った植物からなり，予測性の高い攪乱に適応していると考えられた［Hoshino（2000）］．このことは渓流域で見られる別のタイプの攪乱である地すべりと比較すると，その違いがはっきりとしてくる．すなわち，洪水は，谷底河川の河岸近傍の一定の範囲で生じる．発生やその規模は，豪雨の頻度，集水域の大きさ，集水域を被う植生のタイプ等の因子によって説明可能であり，地すべりを予測要因と比べるとかなり少ない．その発生のスケールは，1年から10年程度である．多年生草本植物のライフスパンを

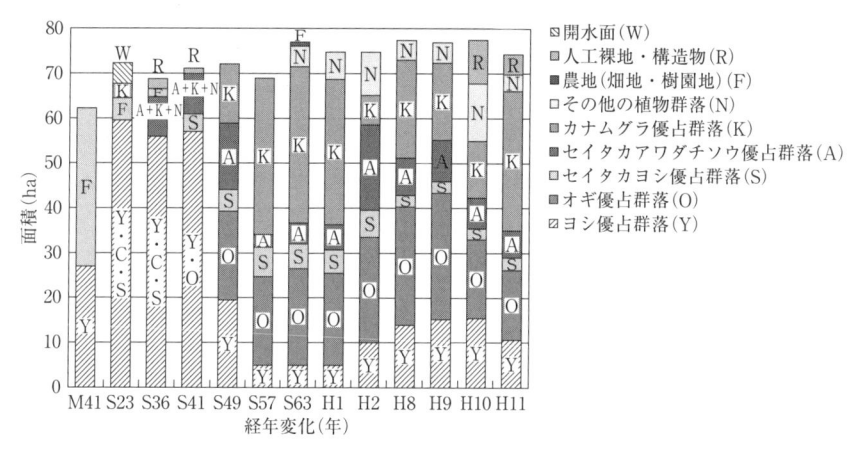

5.5 河川の植物や植生に与える人為的インパクトの影響

図-5.16 鵜殿地区の各植物群落面積の経年変化［濱野ほか(2000)］

アワダチソウ，カナムグラ，ヤブガラシ，クズ等のつる性植生が繁茂し，ヨシ群落が衰退した［濱野ほか(2000)］．現在，ヨシ原の保全・復元の試みがなされている．

(2) 多摩川の河跡池の植生の変化

多摩川と鬼怒川の中流域を比べると，鬼怒川の方が流路の移動が頻繁に起こり，より自然の河川の状態が維持されている．多摩川では河床が低下し，河床の複断面化が進行している．

多摩川の河跡池と鬼怒川の河跡池の植生を比較した研究による［星野，吉川(2003)］と，鬼怒川では低水敷や低水敷と高水敷との境に河跡池が多いのに対して，多摩川の河跡池は高水敷のもが多い．また，河跡池の形成と消失のサイクルも鬼怒川の方が回転率は高いことがわかっている．

さらに，水域が縮小している高水敷の河跡池の植生の成育立地条件を調べた結果によると，現在見られるミクリ群落やガマ群落等は，河跡池の水位の低下に伴って形成されたことがわかった．水位の低下は，河跡池にシルト質の堆積物が堆積してはいるものの，本流の河床の低下につれて高水敷の河跡池の水位も低下しているための，これが植生の移り変わりの要因となっていることを指摘している．

このことは，河床の低下に伴って河跡池の植生は他律的に遷移したことを意味している．

(3) 礫床河川の河原における攪乱頻度の減少によるカワラノギクの衰退

中流域の礫河原を主な成育地とするカワラノギクは一回繁殖型の植物で、競争には弱く遷移の進行に伴って衰退する[倉本(1995, 2001)]．このため、カワラノギクは安定していて、他の植物が繁茂するような環境では成育できず、風による種子散布によって新たな競争の少ない裸地に侵入・定着するという、放浪的な戦略を持った植物である．このような種特性は、中流域で洪水のたびに新しい砂礫堆がされる場所に適応していると考えられる．このため、河道の固定化によって新たな裸地の形成が少なくなると、カワラノギクの成育は困難になると考えられる．

多摩川ではかつてカワラノギクが礫河原に広く分布していたが、その占有面積は次第に減少してきている[倉本(1995)]．河道の複断面化、固定化が進んでいる多摩川永田地区のカワラノギクの開花個体数は近年急速に減少しており、1991年には3万8000株であったものが1996年には7000株となり、1998年では700株まで減少したことが報告されている[倉本(2000)]．

Shimada & Ishihama(2000)は、格子モデルを用いて裸地の形成とカワラノギクの競合種との侵入シミュレーションを行い、河道の固定化によってカワラノギクの絶滅確率が増加するという結果を示している．また、競合する多年草の侵入の速度が増加するとカワラノギクの絶滅確率が増加するという結果も得られており、外来植物の河原への侵入がカワラノギクの存続を脅かすことが危惧されている[倉本(2001)]．

5.5.4　土砂量増大による湿地の乾燥化

旧潟湖や火山湖であった所が土砂の堆積により湿地化した所を流れる河川は、貴重な生態系および風景空間である湿地環境を規定する重要な要素であるが、河川の運ぶ土砂により湿地は乾燥化する運命にある．日光国立公園の戦場ヶ原(湯川や逆川が流れる)や釧路湿原国立公園の釧路湿原(釧路川が流れる)では、湿地の乾燥化による植生の遷移が進み、問題となっている．

戦場ヶ原では男体山等の火山を集水域に持つ逆川から流入する土砂が堆積し、これに伴い高層・中間湿原から低層湿原への植生変化が生じていることが知られている[福嶋(1992)]．また、木本植物であるズミが土砂の堆積した場所で増加した[Hukusima & Yoshikawa(1997)]とされ、樹林化の進行が生じている．

釧路湿原は国立公園であり、日本に残された貴重な自然湿原である．釧路湿原上

流の釧路川の周辺では農地開発が進み，開発による土砂供給量の増加，土地利用の変化に伴う単位面積当りの土砂供給量の増加，農地や畜産業からの流下する栄養塩の増加が見られ，釧路湿原内に濁水を含む氾濫により，土砂の堆積速度が自然状態より加速している．その結果，河川周辺ではヤナギ林が発達し，従来のハンノキ林はその背後に追いやられている．またスゲ，ヨシ群落等の湿地生植物は，樹林の増大の伴い縮小しつつあり，湿地環境の保全対策が検討されている[中村(2003)]．

5.5.5 高水敷の利用と植生

戦後から60年代の一級河川のセグメント2および3の河川の高水敷は，北海道を除けば，食料確保のためそのほとんどが農地利用され，樹林は河岸沿いにわずかに残されるか，水防林として地域で管理されていたものに限られていた．治水安全度の向上により水防林も徐々に減少していった．さらに樹林は洪水の流れに対して阻害要因となるため，意識的に伐採された．

70年代後半からの高水敷の自由使用原則の強化と高水敷の公共利用の方針，さらには農業経営意欲の減退により，高水敷空間は，公共空間として広く解放される一方で，高水敷の管理が粗放化し，草本類の繁茂と樹林化が進むことになった．90年代の生態の価値の増大はよりこの傾向に棹を指し，河川高水敷は，自然保全ゾーンとして位置付けられる所が増えつつある．高水敷は，治水と生態の拮抗点となっているのである．

5.6 河道特性と外来植物のハビタット

5.6.1 河川における外来植物の侵入

日本の河川に見られる外来植物は，セイタカワダチソウ，ハリエンジュ，シナダレスズメガヤ，オオブタクサ，オランダガラシ等の多数がある．最近でもユウゲショウ，コゴメバオトギリ，オオカワヂシャ等の新たな外来植物の成育が次々と確認されている．河川水辺の国勢調査による調査結果をもとに，河川ごとに出現した植物の総数に占める外来種の割合を見ると，多摩川で16.3%，荒川で21.1%，渡良瀬川で17.5%，長良川で20.4%等となっており，調査された河川の中で外来植物の割

合が10%を切る河川は，北海道の沙流川などわずかな河川でしかない［外来種影響・対策研究会(2001)］．

河川における外来植物の侵入は，日本に限らず，ヨーロッパ等からの多くの報告［Pysék & Prach(1994)等］がある．とりわけヨーロッパでは，日本原産のイタドリやコーカサス西部原産のセリ科の *Heiraceleum mantegazzianum* の河畔への侵入が問題となっており，様々な研究が行われている［Pysék(1994)；Caffrey(1994)；Tiley & Philp(1994)］．

一般に外来植物の侵入は，在来種が優占していない攪乱を受けたオープンなハビタットに侵入する傾向があり，この点で頻繁な攪乱を受け開けた環境が形成される河川は外来植物の侵入を受けやすいといえる．しかし，外来植物の侵入は，必ずしもこうした環境に限られるものではなく，閉鎖した森林の林床にも侵入することも知られている．

植物群落への外来植物の侵入については，従来，植物群落の種多様性や生産量との関係が論議されてきた．これに対して，Davis *et al.*(2000)は，植物群落の侵入の受けやすさ，侵入感受性(community's susceptivity to invasion)は，植物群落に未使用の光，栄養分等の資源が増加した時により侵入を受けやすくなるという理論を提唱している．さらにGrime(2001)は，利用できる資源量の増加はもとからある植生の資源利用量の減少と全資源量の増加によって生じるとして，資源利用量の変化と植物群落の侵入抵抗性との関係の模式を示した（図-5.17）．そして，攪乱による植生の破壊は，光や水，栄養塩類の利用量の減少が生じるとしている．一方，資源量の増加も侵入受容性を増大させる．リン酸や窒素等は植物群落においては制限要因となる資源であり，土壌の栄養レベルが植物群落の侵入受容性を決定する重要な役割を果たしているとしている．

河川に外来植物が侵入しやすいことをGrime(2001)のモデルから考察すると，洪水等の攪乱による植生の破壊は，河川植生の資源利用量を減少させ，そこに外来植物の侵入を許すような条件が整えら，侵入の

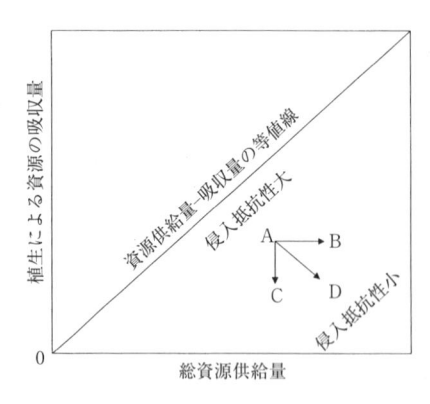

図-5.17　植物群落への外来植物の侵入に関する資源利用量の変化と侵入抵抗性 x のモデル［Grime(2001)より作成］

5.6 河道特性と外来植物のハビタット

機会を得た特定の外来種が侵入,定着する(**図-5.17**のAからCへの変化).さらに,集水域の農地開発や都市化,森林伐採等による河川への栄養塩類等の負荷の増大は,河川の植物群落に供給される全資源量の増加をもたらし,植物群落の侵入受容性を増大させることになると考えられる(**図-5.17**のAからBへの変化).さらにGrime(2001)は,攪乱と肥沃化が組み合わさると,植物群落の侵入受容性が増大するとしており(**図-5.17**のAからDへの変化),人間活動の盛んな集水域から養分の供給を受けている河川で,洪水によって攪乱があると外来植物の侵入が促進されることになると考えられる.

5.6.2 多摩川における外来植物群落の分布パターン

オオブタクサ等の外来植物の優占する群落の分布を多摩川で調べた結果によると,外来植物群落は,下流域でその割合が高いことがわかっている[星野(1996)].多摩川における主な外来植物群落には1,2年生草本植物としてアメリカセンダングサ群落,オオブタクサ群落,オランダガラシ群落,セイバンモロコシ群落,アレチウリ群落等が,多年生草本植物群落としてセイタカアワダチソウ群落,オニウシノケグサ群落,シナダレスズメガヤ群落,イヌキクイモ群落があり,また木本群落にはハリエンジュ群落やピラカンサ類群落が見られる.これらのうちいくつかの群落の分布傾向を**図-5.18**〜**5.20**に示した.

外来植物は,ヨシ群落やオギ群落等の在来の植物群落に侵入して,その構成種となるのみならず,優占して植物群落を構成している.河川にはこのように優占する

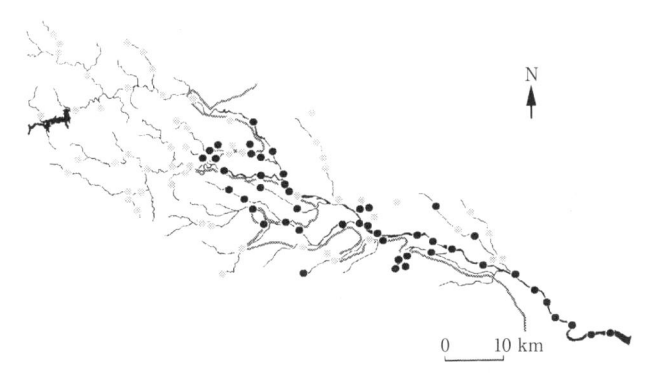

図-5.18 多摩川におけるオオブタクサ群落の分布

5. 河川における自然的攪乱・人為的インパクトと河川固有植物・外来植物のハビタット

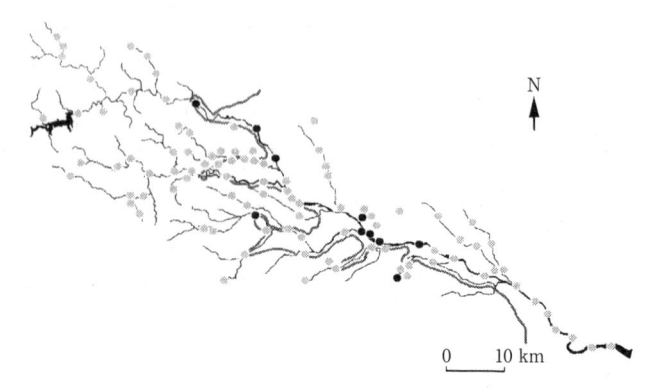

図-5.19 多摩川におけるハリエンジュ(ニセアカシア)群落の分布

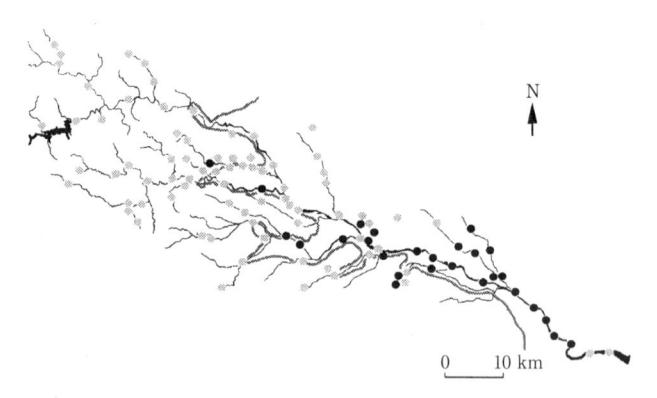

図-5.20 多摩川におけるアレチウリ群落の分布

植物群落の数やその占有面積が非常に大きく，外来植物が侵入する以前と以後では河川生態系あるいは河川景観を大きく変化させている．さらにその傾向は徐々に進行しており，多摩川永田地区の例では1977年に比べて1999年にはその面積は5.3倍程度に広がった(**図-5.21**)[外来種影響・対策研究会(2001)]．

5.6.3 多摩川におけるハリエンジュのハビタットと分布拡大

多摩川永田地区ではハリエンジュが樹林を形成している．このハリエンジュは1985年の時点では1 ha程度であったものが，1999年には8 ha近くまでその面積を拡大している[外来種影響・対策研究会(2001)]．永田地区のハリエンジュの分布

5. 河川における自然的攪乱・人為的インパクトと河川固有植物・外来植物のハビタット

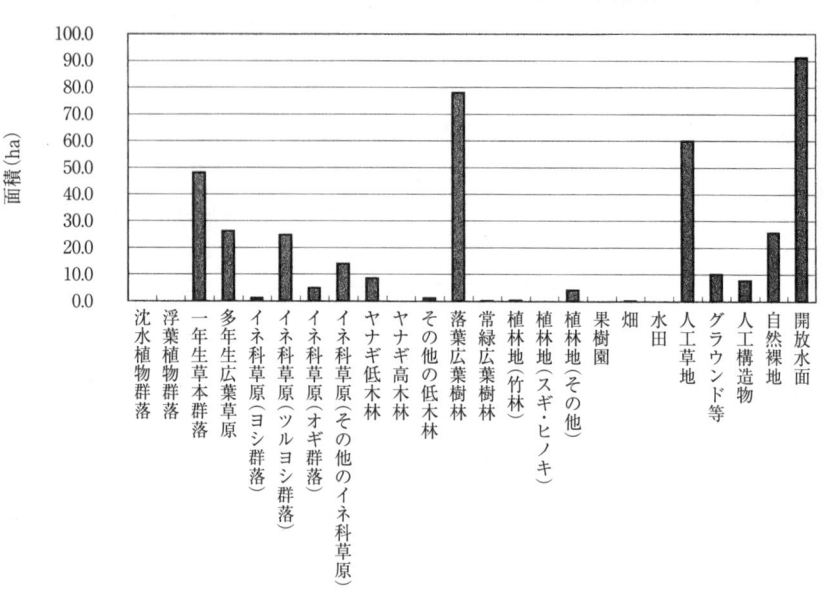

図-5.27 渡良瀬川礫床区間における植生別面積

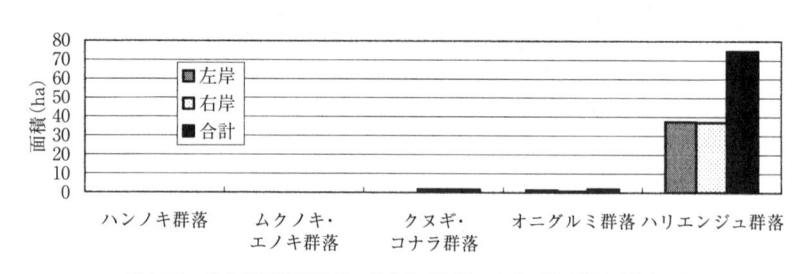

図-5.28 渡良瀬川礫床区間の落葉広葉樹林の占有面積(種別面積表示)

加による河積の減少，それに伴う洪水時の抵抗増加(水位上昇)，樹木群の粗度効果に特徴付けられた流れと土砂輸送の相互作用として生まれる地形変化や大規模出水時の樹林地破壊(河道内流木生産源)等といった治水上の懸案事項も生じてくる．礫床河川での樹林化の進行を見るため，航空写真と年輪調査から州における樹林地占有面積の経年変化を調べたものが，**図-5.29，5.30**である．これより，渡良瀬川においては，既に昭和40年代から木本類が目立ってきており，最近では州の70%以上が樹木に占有されてきている．このようなハリエンジュによる樹林化は，多摩川，千曲川の礫床区間でも報告されており[河川生態学術研究多摩川研究グループ

5.7 礫床河川の河道内樹林化

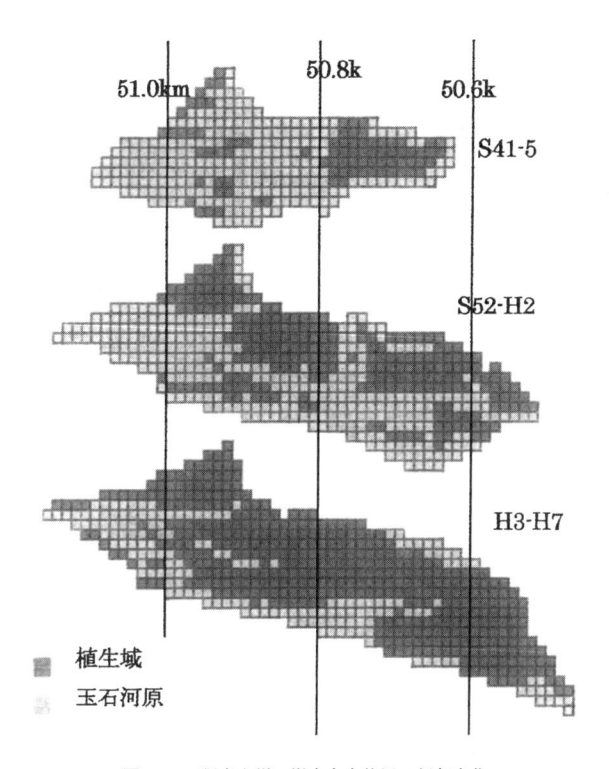

図-5.29 調査中州の樹木占有状況の経年変化

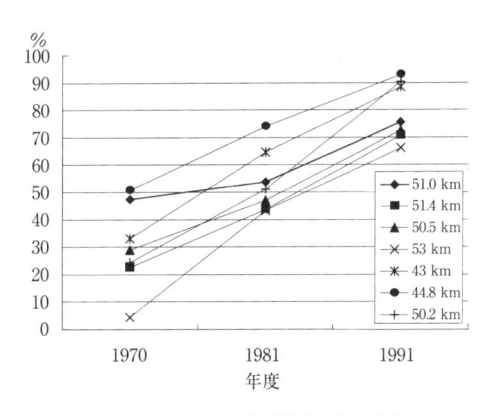

図-5.30 樹林地占有面積率の経年変化

5. 河川における自然的攪乱・人為的インパクトと河川固有植物・外来植物のハビタット

(2000)〕，礫床河川における河道内樹林化の代表種となっている．ハリエンジュは，マメ科の植物で，貧養な立地条件でも生育が可能なため治山・砂防事業(緑化対策等)として導入された外来種である．渡良瀬川においては上流域山間部，特に足尾に見られる荒廃地対策として導入された．

5.7.2 河道内樹林化の形成過程

李，藤田ほか(1998)は，多摩川の礫床区間(51.8～53.2 km，河床勾配 1/250，低水路平均河床粒径は 6 cm 程度)において，奥田ら，曽根が作成した植生図〔奥田ほか(1979)；曽根(1984)；奥田(1995)〕と河道横断面の経年変化を照らし合わせ，複断面化に伴う植生の遷移を説明した(**図-5.31**)．これによると，複断面化に伴い経年的に裸地(河原)が減少し，逆に，草本類ではオギ，木本類ではハリエンジュの占有面積が急激に増大し，1977(昭和 52)年からの 17 年間に植生繁茂・樹林化が生じたことがわかる．複断面化によって比高の高い箇所では，洪水時の攪乱規模が微弱になる一方，小洪水によって堆積した細粒材料が河床表面を覆うて，オギ，ハリエンジュ等の繁茂環境が整う．このように冠水頻度と経験する洪水攪乱規模，また，根茎のある表層の湿潤状態等は，植物の生育箇所と低水路水面との比高差に支配され，これらが植物の棲み分けをもたらしている．

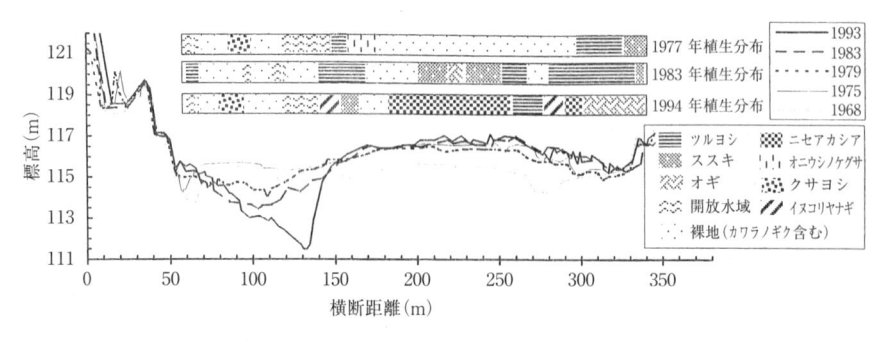

図-5.31 多摩川における複断面化と植生の繁茂〔李，藤田ほか(1998)〕

図-5.32 は，渡良瀬川における河道横断面内の河原植物(主としてツルヨシ等の草本類)とハリエンジュ樹林の立地箇所に対する年冠水頻度の例を示したもの〔河川環境管理財団(1999)〕で，ここでのハリエンジュ樹林は年最大(日平均)流量で冠水する箇所(年 1 回の冠水)に存在していることがわかる．比高とともに植物の生育環境を左右する要因に河床材料があり，李，藤田ほか(1998)，藤田，渡辺ほか(1998)

5.7 礫床河川の河道内樹林化

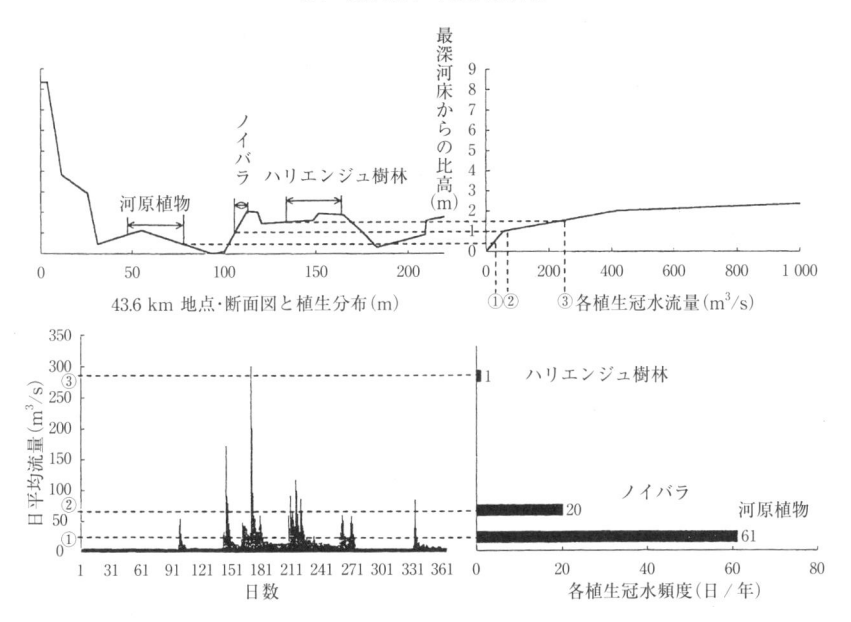

図-5.32 州上の冠水頻度と代表的植生（渡良瀬川）

は，オギ，ハリエンジュの繁茂にとって表層に細粒分（細砂とシルト）からなる堆積層（表層細粒土層と呼ぶ）が必要であることを多摩川の研究事例から指摘した．図-5.33は，多摩川における表層細粒土層の層厚（堆積厚）と植生分布を重ねたもの[李，藤田，山本(1999)]で，カワラノギクの繁茂域では表層細粒土層の層厚は薄く（0ではない），一方，河原植物以外では細粒土層厚が有意な値をとっており，特にハリエンジュの分布する箇所では約50 cm層厚となっている．渡良瀬川においてもハリエン

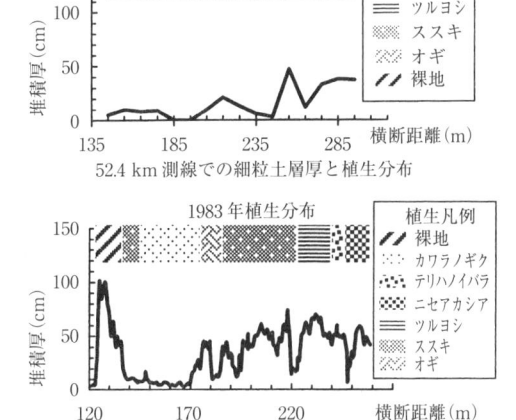

図-5.33 多摩川における表層細粒土層の層厚と植生分布 [李，藤田ほか(1999)]

5. 河川における自然的撹乱・人為的インパクトと河川固有植物・外来植物のハビタット

ジュ樹林のある礫州を調査した結果，樹林地内に同様な堆積層を持つことがわかり（**図-5.34**），さらにハリエンジュの根茎調査から根茎は細粒砂層厚内を平面的に延び，隣接するハリエンジュの単木と地中で連結していることが指摘された［清水，小葉竹，岡田ほか(1999)；清水，小葉竹，岡田(2000)］．**図-5.35** に細粒砂層（渡良瀬川では多摩川で得られた表層細粒土層材料よりも粒径が粗いため，細粒砂層と呼んでいる）を含む各横断位置（**図-5.34** に対応）での粒度構成を示す．

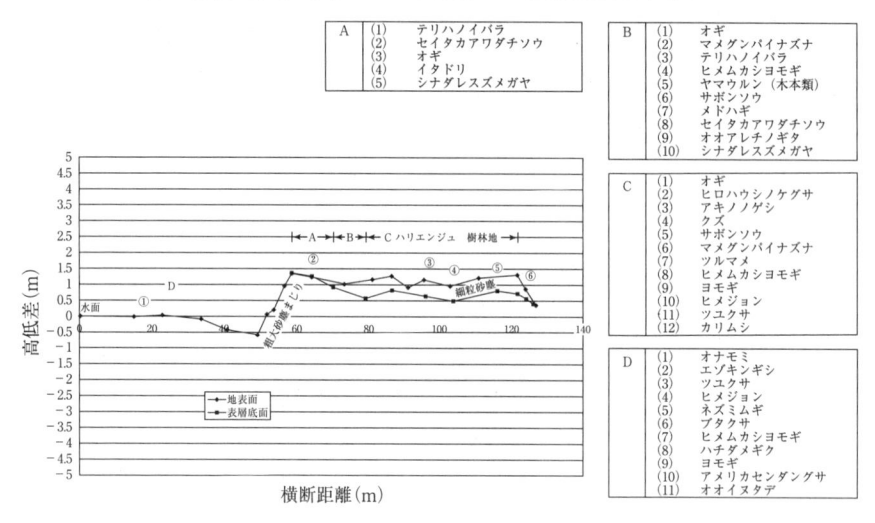

図-5.34 州の横断面形・細粒砂層と植生分布（渡良瀬川）

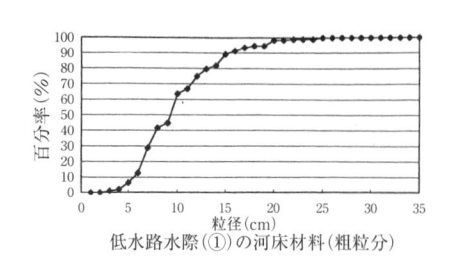

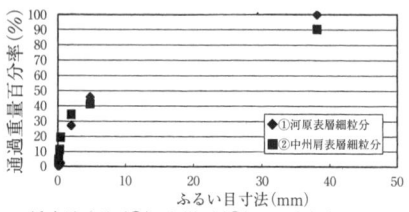

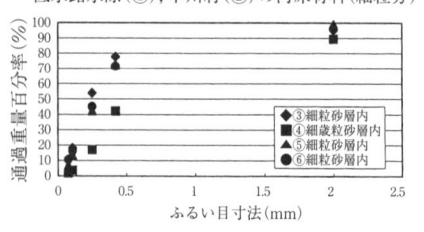

図-5.35 粒度構成（図-3.34 の横断面内の各地点に対応）

5.7 礫床河川の河道内樹林化

比高,細粒土砂層厚が植生の繁茂環境にとって重要な要素で,李,藤田ほかは細粒土砂堆積層と比高座標をつくり(ここでは比高として地下水面からの高低差を用いている),各植生群落の分布の分類を試みた(**図-5.36**).これによると,ススキとオギは,その存在領域が明確に区分され,オギにとって堆積層厚が大きい所,これに比べススキは小さい所に繁茂している.また,イヌコリヤナギとツルヨシの存在領域(裸地から 30 cm 堆積層厚の範囲)が類似するなど堆積層・比高座標図が植生群落の分布の理解にとって有用であることが示された.特にハリエンジュでは,ススキとオギの存在領域を併せ持つ非常に広い存在領域を持つことも指摘している.

以上より,表層細粒土層(細粒砂層)の堆積が植生繁茂にとって重要な要因であることが理解されたが,これがどのようなメカニズムで堆積したかが問題となる.李,藤田,山本(1999)は,表層細粒土層の構成材料は wash load 的であるとして準2次元計算による濃度計算を行い,裸地礫面では細粒土の堆積は生じないものの,植生繁茂を想定すれば細粒土堆積(表層細粒土層の形成)が可能であることを見出している.渡良瀬川においては1998(平成10)年9月洪水の痕跡調査を実施し,洪水後に州上に堆積した細砂分の粒度構成を調べた(**写真-5.1**,**図-5.37**).1998年9月洪水は,渡良瀬川調査区間にとって**写真-5.1**に示す調査州上をやや乗り上げる程度の

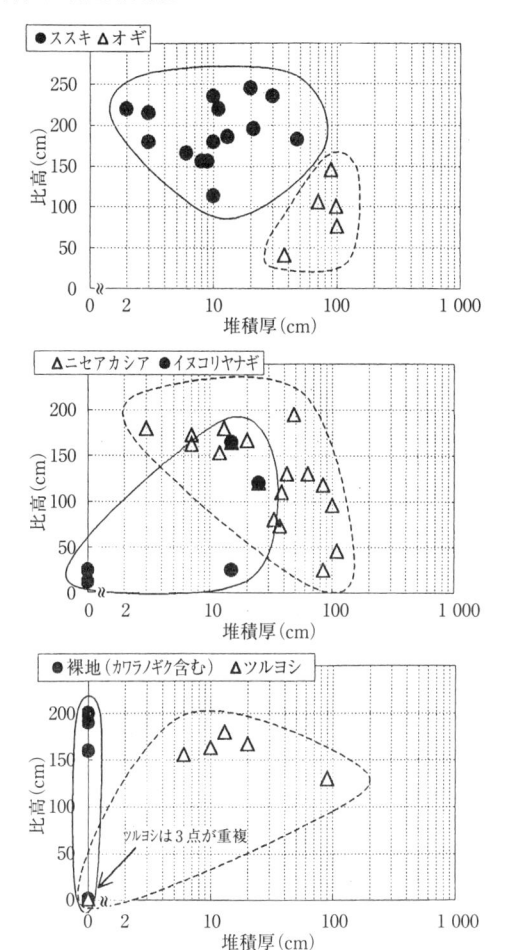

図-5.36 比高・堆積層座標系から見た植生の分類[李,藤田ほか(1998)]

5.7 礫床河川の河道内樹林化

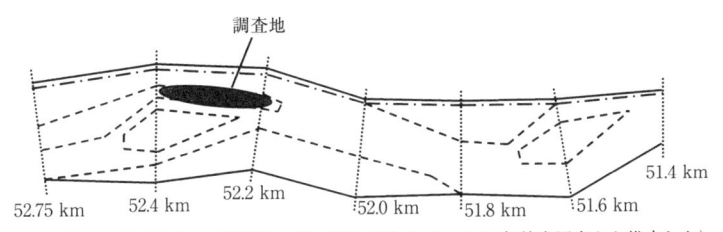

調査対象の中州の位置（図中の点線は低水路・州の河岸ラインで56年航空写真から推定した）

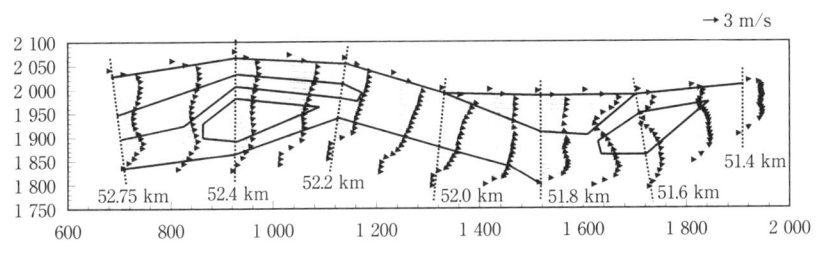

図-5.42 1982年洪水再現計算による主流速ベクトル図

ことによってもたらされる破壊を生む．木本類においても，特にハリエンジュは，その主根茎が浅く，表層河床材料のどのクラスのものまでが動くかで樹林に与える攪乱規模が評価でき，移動限界礫径が評価指標になり得る［清水，小葉竹，岡田(2000)］．

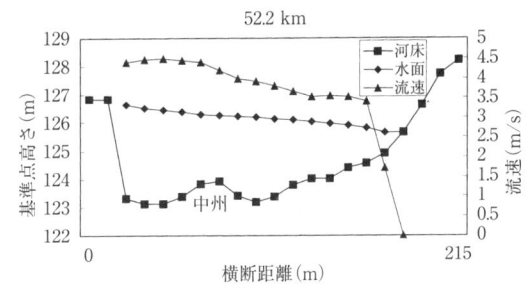

図-5.43 水位，主流速値の横断分布と横断地形（数値計算結果）

ここで，樹木の攪乱規模とは，洪水痕跡調査から次のように分類できる．
① 樹木の流失
② 完全倒木(根茎の完全な切断)
③ 根付倒木・傾斜木(根茎の礫床内での残存)
④ 樹木の傾斜なし(直立)

先に求めた平面流解析から河床材料の移動限界状態が計算される．移動限界礫径(動き得る礫の最大径)の平面コンターを図-5.44に，着目中州(52.2 km地点)の移

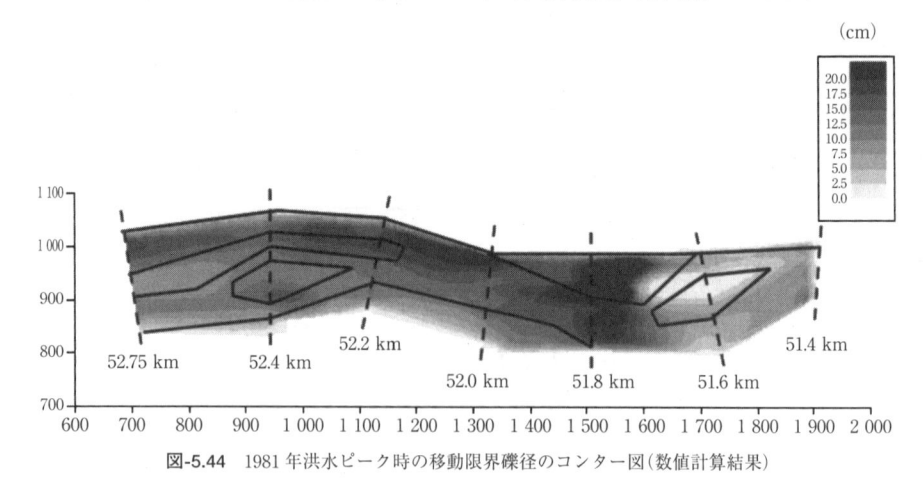

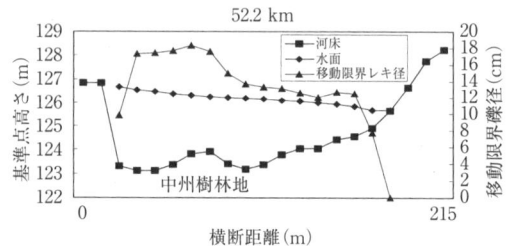

5. 河川における自然的攪乱・人為的インパクトと河川固有植物・外来植物のハビタット

図-5.44 1981 年洪水ピーク時の移動限界礫径のコンター図(数値計算結果)

図-5.45 1982 年洪水ピーク流量での移動限界礫径の横断分布

動限界礫径の横断分布を**図-5.45** に示すと，中州(52.2 km 地点)では，最大 18 cm の直径を持つ礫の移動が生じたことがわかる．この区間での平均礫径が約 10 cm であるから，1982 年出水ではかなり大きな洪水攪乱が中州に与えたことを意味し，これによって中州樹林地の世代交代に及んだと推定された．

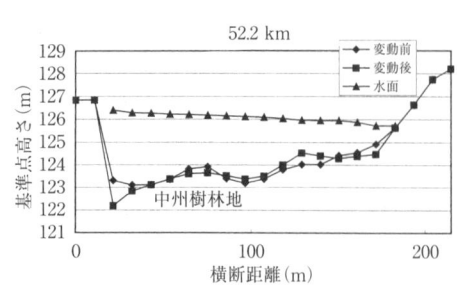

図-5.46 中州樹林地の河床変動

植生にとってその物理基盤となる河床が変動すること，特に河床低下することが最も大きな攪乱を与える．そこで，ピーク流量時の河床変動計算を行って，洪水前後の河床変動を比較した．中州を含む横断面(52.3 km，52.2 km)での地形変化を**図-5.46** に示すと，中州左岸の澪筋での河床

5.7 礫床河川の河道内樹林化

低下とともに，中州でもやや河床低下(侵食傾向)となることがわかる．

以上から，樹木の世代交代を引き起こした1982年洪水攪乱は，先にも述べたように最大18 cm粒径の礫の移動と河床低下によって特徴付けられる．18 cm粒径の礫の移動は，1982年洪水以前にも見られた樹林地基盤層の破壊を生むに十分な攪乱で，河床低下は，樹木根茎の露出を促すため，樹林地の破壊状況は，倒木を生む状況であったことが容易に推測できる．ただし，河床低下量が大きくないため，中州の樹木が一掃される状況にはなく，これは，上述の樹木の攪乱規模で，①が生じるまでにならなかったが，②，③の攪乱が生じたと推定される．特に③の攪乱規模によって後述するように残存したハリエンジュからの萌芽を生み，樹林地の世代交代を引き起こしたものと推測される．

(2) 洪水攪乱後のハリエンジュの再生・拡大過程

さて，1998(平成10)年9月にも1982年洪水とほぼ規模の等しい洪水を渡良瀬川は経験した(写真-5.6)．樹林化した中州において洪水前後の現地観測を行った結果，写真-5.7に示すように，洪水後の中州では表層の草本類はすべて剥がれ，倒木したハリエンジュの上に礫床が形成された．すなわち，この洪水によって，②，③の攪乱が顕著に生じたことが認められる．先と同様に，平面流数値計算から移動限界礫径を推定すると15～20 cm程度(図-5.47)で，これは州表層の60%～90%粒径に相当する(図-5.48)．したがって，

写真-5.6 観測地の中州(43.6 km)と1998年洪水時(9月16日)の状況

写真-5.7 中州樹林地の洪水攪乱

5. 河川における自然的攪乱・人為的インパクトと河川固有植物・外来植物のハビタット

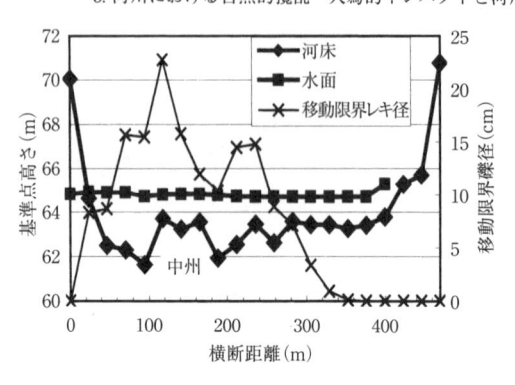

図-5.47 1998年9月洪水での移動限界礫径

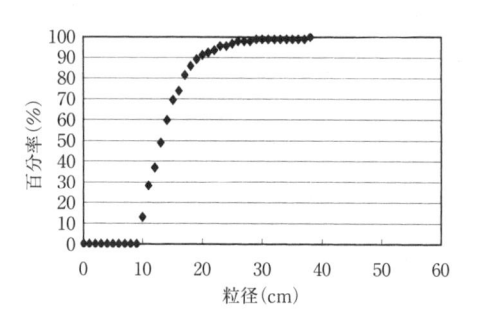

図-5.48 州表層の礫の粒度分布（径10 cm以上）

写真-5.8 根付き倒木からの萌芽（洪水1年後）

移動限界礫径を指標とした洪水攪乱規模から見れば，1998年洪水と1982年洪水が中州とその樹林地に与えた攪乱はほぼ同程度の規模と判断できる．**写真-5.7**からわかるように，樹木は傾斜し，その上を礫が堆積している状況が洪水攪乱規模の大きい箇所の特徴として見出された．ただし，礫に埋没したハリエンジュを掘り返して見ると，いずれも根茎がいったん河床から露出した痕跡があり，砂礫の衝突・磨耗による根茎表皮の剥がれや根茎の切断，また，引張り力が作用し緊張状態にある根茎も見られ，これより洪水中にいったん河床低下が生じ，その後，河床上昇（堆積）が生じたものと推測された．

興味深いことは，1998年洪水1年後の同中州での調査で，ハリエンジュの倒木，傾木のほとんどから萌芽して急激な密生度増加が起こっていることである．**写真-5.8**は，倒木，傾斜木から萌芽した1年目の状態を示す．ハリエンジュは，栄養繁殖によって拡大する植物で，写真は幹からの萌芽が著しい様子を示している．さらに，1998年洪水2年後においても同中州で調査した結果，出水1年後に急激に増加した萌芽本数が生長に伴い自然に淘汰されて減少していることが確認された．**図-5.49**に出水1年後(1999)と2年後(2000)の倒木からの

5.7 礫床河川の河道内樹林化

萌芽本数と倒木全長との関係を示した．例えば，出水1年後，全長6mの倒木（根付き）1本からは15本程度萌芽し，出水2年後には，それが淘汰されて6本程度に減少したことを表している．この1年間での生長競争による淘汰率は約54%程度であった．

図-5.50は，倒木したハリエンジュの単木について，根元からの幹長さを50 cmごとに区分し，萌芽本数と平均樹高の分布を出水1年後と2年後で比較したものである．この図から，出水1年後には平均高さ2〜3 m程度の林が既に形成されることがわかる．また2年後には，萌芽本数は減少するものの，根元に近い部分で急激な生長が見られ，

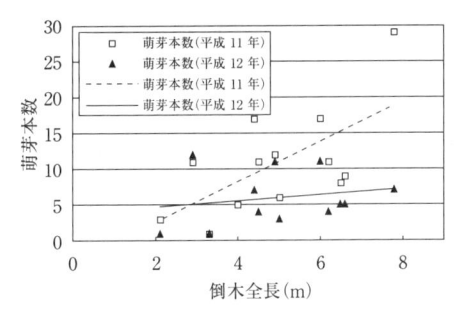

図-5.49 出水後1年後と2年後の倒木1本からの萌芽本数の違い

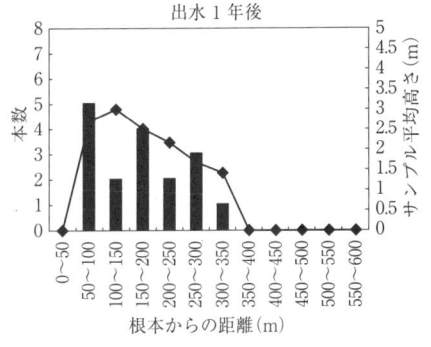

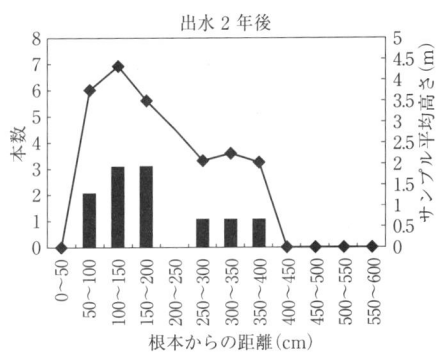

図-5.50 傾斜木1本からの萌芽本数．倒木した1本のハリエンジュについて，根元から幹長さを60 cmごとに区分し，萌芽本数と平均樹高の分布を出水1年後と2年後で比較したもの．

写真-5.9 倒木から成長したハリエンジュの萌芽（出水1年後）

5. 河川における自然的攪乱・人為的インパクトと河川固有植物・外来植物のハビタット

その高さは4.5 mに達する(**写真-5.9**).**図-5.51**は,倒木1本当りの萌芽本数に対する,出水1年後と2年後の根元幹径の比で評価した生長率を表したもので,萌芽本数の多い倒木は萌芽の生長が悪いが,萌芽本数の少ない倒木は萌芽の生長が良い.

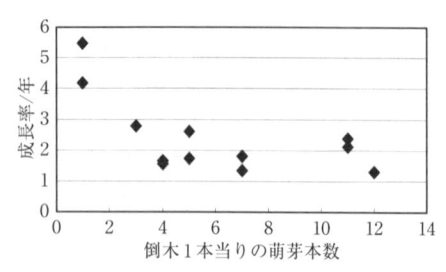

図-5.51 倒木1本当りの萌芽本数に対する年成長率

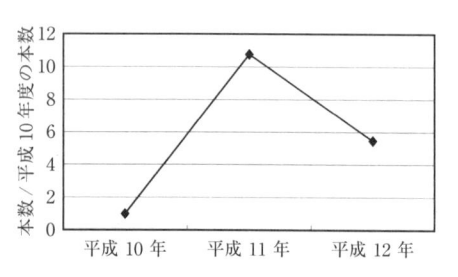

図-5.52 中州におけるハリエンジュ樹木の本数変化

以上より,洪水攪乱を受けた中州上のハリエンジュは,1998年洪水後1年目には急激な萌芽により本数が増加し,2年目には自然淘汰されその本数は減少するものの,萌芽の急激な生長により樹林化が促進されることがわかる.すなわち,洪水攪乱は,その規模によってはその後の急激な樹林化を促すことが予想される.**図-5.52**に中州上のハリエンジュ本数の変化を表した.1998年洪水後1年目にして洪水前の本数の10倍に達し,2年目には減少するものの,その本数は洪水前の5倍である.この図からも樹林化の傾向が維持されていることがわかる.

以上から,先述した1982年洪水によって52 km地点の中州も同じプロセスで樹林化したことが推測できる.2001(平成13)年7月に同中州樹林地において1998年洪水で倒木した幹からの生育状況を再度調査した.調査目的は,洪水1年後急激に生まれたハリエンジュがその後どれだけ淘汰されたかを調べることである.3つのサンプルについて,根元から幹に沿って100 cmごとに区分した萌芽本数の変化を**図-5.53**に示す.これより出水後3年経過した時点でも萌芽本数は増加し,淘汰による本数減少傾向は見られない.すなわち,倒木,傾斜木からの密生度増加傾向は,洪水3年後を経ても衰えることがないことが確認された.

ここまでは,倒木した幹からの萌芽を論じたが,攪乱によって河床内に切断され残存した根茎からも急激な発芽が生まれる.**写真-5.10**は,ハリエンジュ樹林を伐根した後に河床内に残存した根茎からの萌芽状況(1年後)を示したもの,また,

5. 河川における自然的攪乱・人為的インパクトと河川固有植物・外来植物のハビタット

写真-5.13 河岸侵食によるハリエンジュの倒木化（渡良瀬川）

写真-5.14 河岸侵食によって露出したハリエンジュの根茎（渡良瀬川）

きない枯死と流失であるが，栄養繁殖するハリエンジュではこうした破壊は，根茎そのものに強い攪乱を与える基盤の攪乱，消失によっても生じる．**写真-5.13**は，河岸侵食によるハリエンジュの倒木で，こうした状況でも一部根茎が残存すれば，地上部が枯死しても周囲の地下茎から萌芽する場合も多い．**写真-5.14**（左が低水路側）は，河岸侵食によって露出したハリエンジュの根茎群で，樹林化した州内の根茎群とつながっているため流失しない．ハリエンジュでは，完全に支持基盤（河床）を失い，かつ根茎が切断することが流失の有無を決める要因である．他方，露出した根茎群によってカバーされることにより河岸侵食が妨げられていることも他の樹木の流失を抑制している．

服部ほか（2001）は，千曲川礫床区間（95.5〜98.5 km，平均河床勾配 1/215，平均粒径 10 cm）を調査フィールドとして，1998年洪水でのハリエンジュ群落の破壊状況を検討した．**図-5.60**は，調査区間の河道形状とハリエンジュ群落の出水前後の状況で，出水前には平均年最大流量時の冠水範囲が，出水後には1998年洪水の冠水深とハリエンジュの破壊範囲が示されている．破壊形式としては，

① 幹に作用する流体力によって根茎が破損する
② 河岸侵食の進行に伴って根茎が洗い出されて倒伏，流失する

の2つのタイプが報告され（**図-5.60**の☆印は，河岸侵食が生じて破壊した箇所），このうち服部ほかは，①の倒伏・流失プロセスについて詳細な検討を進めた．**図-5.61〜5.63**は，倒伏角度の分類，倒伏（破壊）形態の分類，流下物の集積形態の分類をそれぞれ示したもので，倒伏形態としては**図-5.62**の分類1，4が多く（約

5.8 礫床河原植生の攪乱・破壊

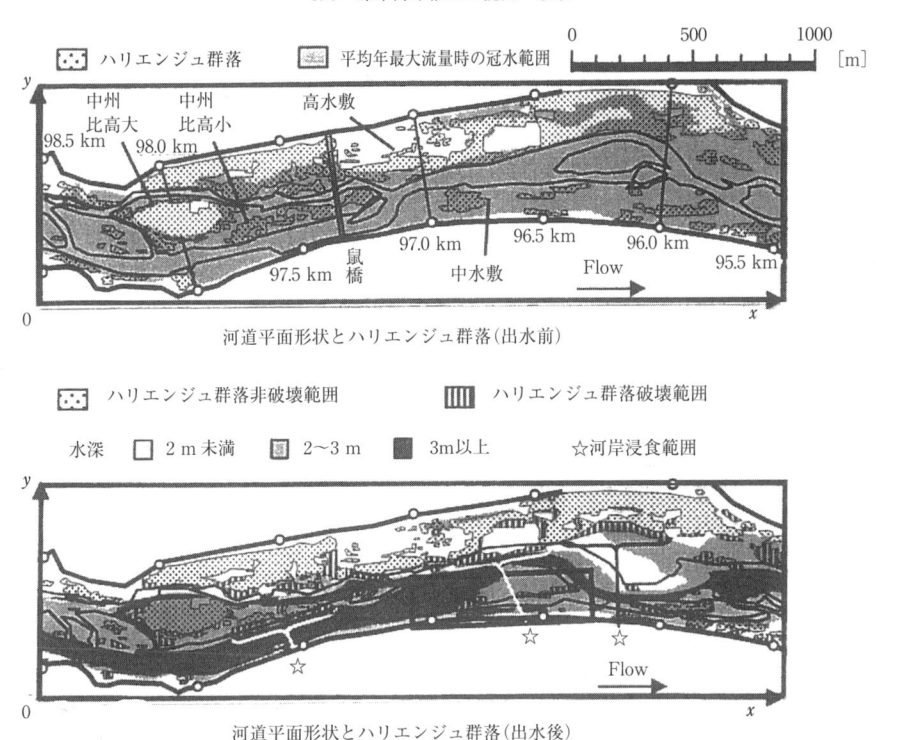

図-5.60 調査区間の河道状況と出水前後のハリエンジュ群落の攪乱・破壊状況［千曲川．服部ほか(2001)］

図-5.61 倒伏状況(倒伏角度の大きさ)の分類［服部ほか(2001)］

記号	1	2	3	4	5
倒状状況					根茎
備考	幹が真っ直ぐなまま、根元で傾く	根元近くで幹が曲がる	幹が裂けて折れ曲がる	地面上に根周辺の根茎が露出する	根茎が下流方向に延びている

図-5.62 倒伏(破壊)形態の分類［服部ほか(2001)］

5. 河川における自然的攪乱・人為的インパクトと河川固有植物・外来植物のハビタット

記号	I	II	III	IV	V
倒状状況	葉植物 Flow	流木 Flow	Flow	根茎 Flow	樹冠 Flow
備考	草本植物が幹に巻き付く	流木が幹に引っ掛かり、さらに草本植物が巻き付く	隣り合う幹にまたがって流木が引っ掛かった形態 II	露出した根茎に草本植物が集積する	樹冠部に草本植物が集積する

図-5.63 流下物の集積形態の分類[服部ほか(2001)]

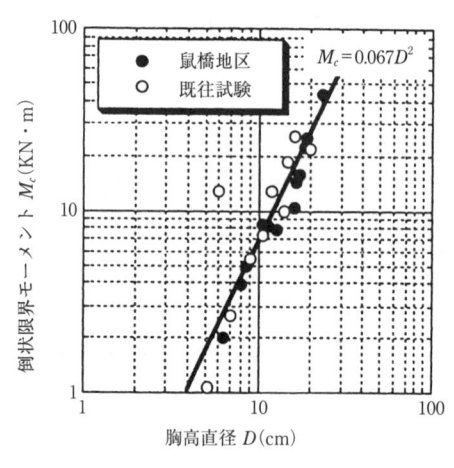

図-5.64 ハリエンジュの倒状限界モーメント[服部ほか(2001)]

80％)，上流側地下根茎の切断，変形に伴って倒伏する．このような倒伏形態の発生に対して，服部ほかは，集積物(主としてツルヨシ等の草本類等の流下物)の幹への集積により幹にかかる流体力が根茎の耐力を上回って倒伏し，河床低下が進行することで流失すると考えた．そして，次式のハリエンジュの倒伏限界モーメント M_c(KN·m)を現地試験から求める(図-5.64)．

$$M_c = 0.0674 D^2 \quad (5.1)$$

ここで，D：胸高直径(cm)である．
また，平面流計算からピーク流量時の流速場を求めて樹木根茎に作用する外力モーメント M_h を評価した．

$$M_h = 0.25 \rho C_D D_a (Uh)^2 \quad (5.2)$$

ここで，ρ：水の密度，C_D：抗力係数(=1.0)，U：流速，h：水深である．D_a は，流れの遮蔽幅で，「集積物全幅/集積物のかかる樹木本数」である．

現地の樹木攪乱状況から，その遮蔽幅は，図-5.63 の集積形態 I では $D_a = 0.75$ m，集積形態 II では $D_a = 2.5$ m，集積なしでは $D_a = D$(樹木幹幅)と推定し，これと式(5.1)と式(5.2)から，集積形態に応じて倒伏するハリエンジュの最大胸高直径 D_c を求め，$D < D_c$ となる領域でハリエンジュが倒伏すると判断した．

実際にサンプリングされたハリエンジュの胸高直径は，ばらつきを持つため $D <$

5.8 礫床河原植生の攪乱・破壊

D_c となるハリエンジュが存在する確率 R（倒伏確率）を考え，これが 80% 以上で倒伏とするとして洪水痕跡による樹木破壊状況を巧くに説明している（図-5.65）．図-5.65 は，出水前のハリエンジュ群落全体を，流下物集積なし（$D_a = D$），形態Ⅰ（$D_a = 0.75$ m），形態Ⅱ，Ⅲ（$D_a = 2.5$ m）の流下物集積あり，に分類して破壊発生確率 R を求めたもので，同図に実線で示した出水後に残存した群落範囲の外に注目すると，集積なしの場合では $R < 20\%$，それに対して集積ありでは，$R > 80\%$ となる箇所があり，ここが倒伏することになる．その結果は，現地の状況と対応し，流下物の集積が倒伏を引き起こす主要因であることを提示した．

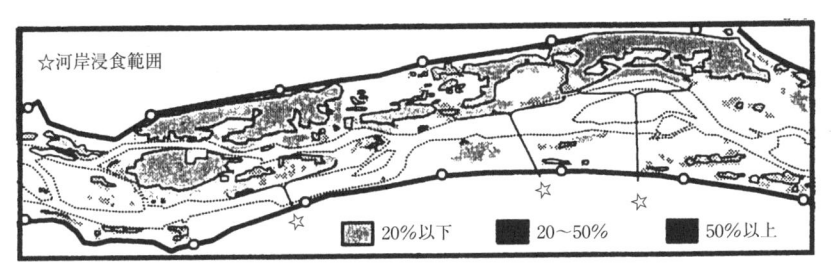

(a) 破壊発生率 R の計算結果（出水前，集積なし）

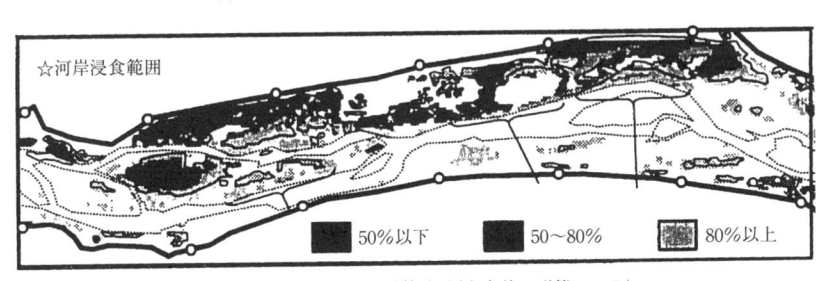

(b) 破壊発生率 R の計算結果（出水前，形態Ⅱ・Ⅲ）

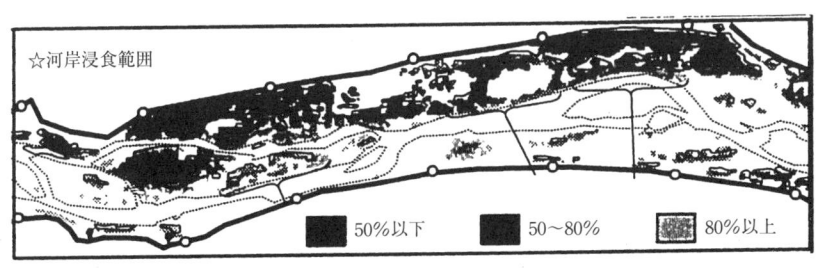

(c) 破壊発生率 R の計算結果（出水前，形態Ⅰ）

図-5.65 破壊発生確率 R の算出［服部ほか（2001）］

5. 河川における自然的攪乱・人為的インパクトと河川固有植物・外来植物のハビタット

　服部ほかは，流下物集積による倒伏破壊に注目したが，一方，清水ほか(2002)は，樹林地の破壊，攪乱は河床材料の移動を伴う基盤の攪乱が重要であるとして考察している．清水ほかは，利根川水系渡良瀬川の礫床区間(平均河床勾配1/140～1/270，代表粒径7.2～13.5 cm)において，2001年9月洪水を対象にハリエンジュ樹林化の進む州，高水敷で2つの調査地点を設け洪水痕跡を調べた．図-5.66は，調査地点1の樹林地の平面配置状況(点線は低水路河岸)で，この樹林地は低水路左岸沿いに存在し，低水路満杯流量以上になると，上流側樹林地と着目樹林地(調査地点1)間から水流が高水敷上に乗り，左岸堤防沿いに流路が形成される．この周辺での洪水攪乱の状況は次のようである．樹林地先端から樹林地境界で生じた樹木の攪乱(図のA)では，根茎が露出し切断されていることから，河床の洗掘が生じ樹木が倒木，傾斜したものと推定される．また，樹林地周囲境界では樹木に引っかかる流下物(主に枯草や根茎類)が他の箇所に比べて多く，遮蔽面積の増加に伴う樹木のモーメント破壊の可能性もある．図のBは，河岸侵食による樹木の破壊で，支持基盤を完全に失うため攪乱規模は大きく，樹木の流失を伴う．図のCでは草本類に覆われた高水敷上を水流が走り，草本類上には低水路側から供給された礫床が形成されている．図のDは，樹林地内で河床の凹凸が局所的に生じ(表層細粒砂層の洗い流しによる水道(みずみち)形成)，その周辺で樹木の傾斜が目立っている．樹林地内の表層は，細粒砂層(5.7参照)で覆われるため，流速が小さくとも(樹林地内は比高が高く，植生による流れの抵抗の大きい)，細粒砂層の移動が容易に起こり，根茎の露出から樹木の傾斜が生まれる．特にハリエンジュ樹木群は，根茎でつながって

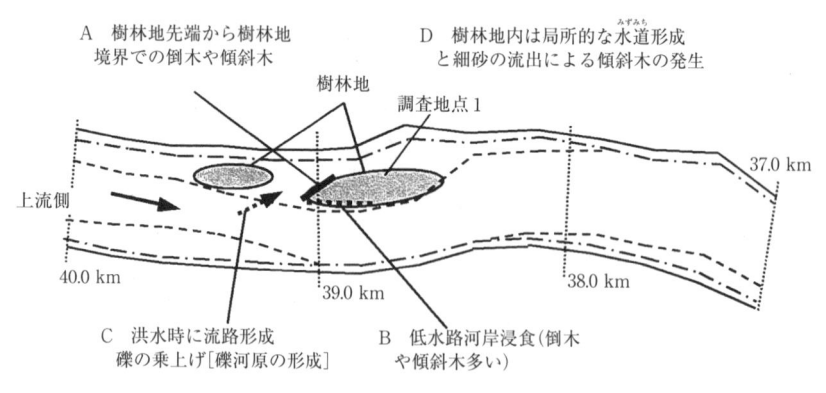

図-5.66　調査地点1の樹林地の平面配置状況と洪水攪乱の状況

5.8 礫床河原植生の攪乱・破壊

いるものが多く，数本の樹木が一団となって傾斜しているものも見られた．ハリエンジュの傾斜は，正の屈光性から主幹からの萌芽を促進させ，密生度増加傾向を産む(5.7での動的樹林化)．

図-5.67に調査地点2の樹林地の平面配置状況で，図のAは，州の上流端で，水流が直進して乗り上げるため倒木が目立つ箇所である(**写真-5.15**)．ここでは樹木の根茎が露出し(河床低下)，その上に礫が堆積している．図のBは，低水路側で，特に河岸侵食によって倒木が生じた．州河岸部から切断された根茎が水流中に露出しているものが目立ち，**図-5.66**のBと同様，河岸侵食による樹木流失がここでも生じている．さらに，興味深いことは，州上流端より礫が州に乗り上げ(**写真-5.16**)，樹林地内の図のCまで進入し堆積している(**写真-5.17**)．この状況は図-

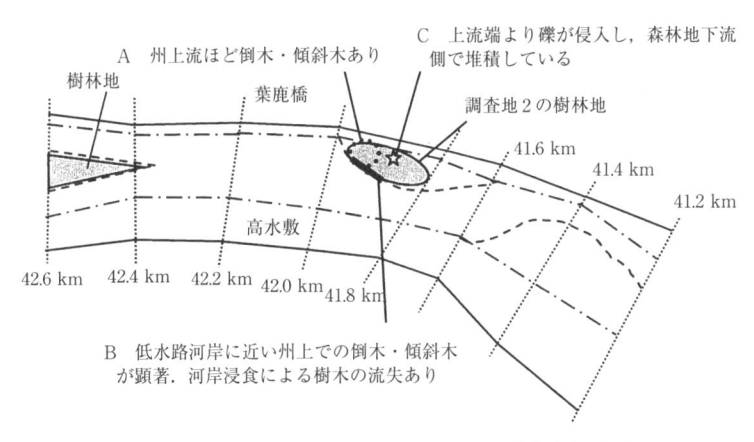

図-5.67 調査地点2の樹林地の平面配置状況と洪水攪乱の状況

写真-5.15 樹木の倒木化(図-5.67A地点) 　　**写真-5.16** 樹林地内の礫移動(図-5.67C地点上流側)

参考文献

- Hosner, J. F. : Relative tolerance to complete inundation of fourteen bottomland tree species, *For. Sci.*, 6, pp. 246-251, 1960.
- Hukusima, T. and Yoshikawa, M. : The impact of extreme run-off events from the Sakasagawa river on the Senjogahara ecosystem, Nikko National Park, Ⅳ, Change in tree and understory vegetation distribution patterns from 1982 to 1992, *Ecological Research*, 12, pp. 27-38, 1997.
- Ikeda, H. and Itoh, K. : Germination and water dispersal of seeds form a threatened plant species Penthorum chinense, *Ecological Research*, 16, pp. 99-106, 2001.
- Pysék, P. : Ecological aspects of invasion by Heracleum mantegazzianum in Czech Republic, Ecology and management of invasive riverside plants, Waal, *et al.*, Eds., pp. 45-54, Jhon Wiley & Sons Ltd., 1994.
- Pysék, P. & Prach, K. : How important are rivers for supporting plant invasions? Ecology and management of invasive riverside plants, Waal, *et al.*, Eds. , pp. 19-25, Jhon Wiley & Sons Ltd., 1994.
- Shimada, M. & Ishihama, F. : Asynchronization of local population dynamics and persistence of a metapopulation : a lesson from an endangered herb, Aster kantoensis, Population Ecology, 42, pp. 63-72, 2000.

6. 自然的攪乱・人為的インパクトに対する河川水質と基礎生産者の応答

(野崎健太郎)

6.1 河川生態系における水質と基礎生産者

　河川の生態系構造は，河床勾配や土砂の運搬・堆積等の物理的な作用で形成される地形と，水質および生物群集等の化学・生物的要素との複合体としてみなすことができる．地形は生態系構造を大枠で決定する基礎的要素である（4.を参照）が，個々の河川の特性は，むしろ水質や生物群集により強く現れてくる．近年，社会から技術者・研究者への強い要請となってきたより良い河川環境を取り戻すための修復や復元技術の確立に関する課題は，これら水質や生物に関わるものであることが多い．本章では，個々の河川環境の状態をより特徴付ける水質，そして河川生態系の食物網の基盤となる基礎生産者に対する自然的攪乱・人為的インパクトが与える影響について主として日本における調査・研究事例をもとにまとめた．

6.1.1 河川生態系と水質

　水質は，河川の生物相および生態系構造を決定する初期条件として大きな意味を持っている．例えば，集水域地質や酸性雨等の自然および人為的要因によりpH6以下の酸性水質を示す河川は，耐酸性あるいは好酸性を持つ限られた種が生息し，貧弱かつ独特な生物相が形成される［佐竹編(1999)］．また，人間活動の増大により窒素，リンの負荷量が増大した河川では，主要な基礎生産者である藻類の現存量や種組成が変化し［小林(1986)；Biggs(1996)］，それに連なる食物連鎖網の構造改変

が引き起こされると考えられる．河川環境の維持・修復技術の確立には，河川生態系を大枠で決定している水質の形成機構を明らかにし，その成果を生態系の回復という帰結点に反映させていく必要がある．本章では，水質の中でも陸水域の生物生産を強く規定し[Sakamoto(1966)]，水域の富栄養化の監視項目である栄養塩類，特に窒素およびリンと自然的攪乱・人為的インパクトとの関係を中心に記述した．

河川水質には，河川内および集水域の物質収支の結果が反映されている．したがって，その形成機構を明らかにしていくためには，まず対象とする河川と集水域とをまとめ，1つの流域，もしくは陸上生態系として捉える視点が有効である．この研究手法は，小流域法(the watershed approach)と呼ばれ，30年以上に及ぶ長期の生態系研究で知られる米国 New Hampshires 州 Hurbbard Brook 実験林(Hurbbard Brook Experimental Forest，通称 HBEF)から生まれた[Likens and Bormann(1995)]．HBEF 研究グループは，河川水質の形成機構を理解するために，物質の流入と流出が追跡できる小流域，特に地下水の寄与がない岩盤上を流れる小河川を対象とした．小流域法は，現在でも山地渓流の水質形成機構を探る有力な方法である[例えば，浜端ほか(2002)]が，物質収支を流域という箱の中で捉えるために，流域の境界があいまいな河川，小河川の規模を越えた大規模河川流域には適用できない限界点を持ち[Likens(2001)]，特に大規模流域の研究に関しては新しい手法との組合せが必要である．その一つとして，流域の水質の挙動を炭素や窒素安定同位体(^{13}C, ^{15}N)の比率から推定する方法がある(炭素，窒素の安定同位体比による河川生態系の解析)．例えば，吉田，小倉(1978)は，野川(東京都国分寺市)湧水中の高い硝酸態窒素が生活廃水を起源とする可能性があることを湧水と下水の窒素安定同位体の比から推定している．また，Yamada *et al.*(1996)は，炭素・窒素安定同位体比精密測定法を用い，HBEF 研究と比べると大規模流域である淀川水系の炭素と窒素の流れを明らかにしている．

炭素，窒素の安定同位体比による河川生態系の解析：炭素と窒素には原子量がそれぞれ 12 と 13 の炭素(^{12}C, ^{13}C)，14 と 15 の窒素(^{14}N, ^{15}N)が存在している．^{12}C, ^{14}N に比べて原子量が重い ^{13}C, ^{15}N は，自然界にはごくわずかに存在し，それぞれ炭素，窒素の安定同位体である．生命活動(光合成，呼吸)で炭素や窒素が生物体に取り込まれたり，排出されたりする中では，原子量の軽い ^{12}C, ^{14}N が優先的に反応するので，^{12}C と ^{13}C，^{14}N と ^{15}N の比(安定同位体比)を測定することで

6.1 河川生態系における水質と基礎生産者

生物活動を通じた生態系内の炭素,窒素の挙動が明らかになる.例えば,底生藻の炭素安定同位体比が高く(すなわち,^{13}Cの比率が高まる)なれば,それは,底生藻の光合成が活発で重い^{13}Cをも取り込んでいることを示す.測定された試料内の安定同位体比は,以下の式で千分率として表される.

炭素,窒素の安定同位体比($\delta^{13}C$, $\delta^{15}N$:‰) = ((R試料/R標準試料 − 1)×1 000
ここで,R試料:試料中の$^{13}C/^{12}C$, $^{15}N/^{14}N$, R標準試料:標準試料中の$^{13}C/^{12}C$, $^{15}N/^{14}N$である.

図-6.1は,底泥中の炭素,窒素の安定同位体比を指標にした琵琶湖−淀川水系における炭素,窒素の挙動をまとめたものである[Yamada $et\ al.$(1996);山田,中西(1999)].琵琶湖南湖水域における高い炭素同位体比は,生活廃水の流入や植物プランクトンの増殖によって生じており,南湖は水系内で最も富栄養化が進行した地域であると位置付けられる.また,北湖水域の高い窒素安定同位体比は,ここで大規模な脱窒が起こり,軽い^{14}Nが優先的に除去されていることが考えられる.このように安定同位体比は,水系全体の"ものの流れ"を大枠で把握するには非常に適した指標といえる.炭素,窒素の安定同位体比を用いた生態系構造の解析の実例については,山田,野崎(1997),山田,吉岡(1999),山田,丸山,石樋(2002)の総説に詳しい.

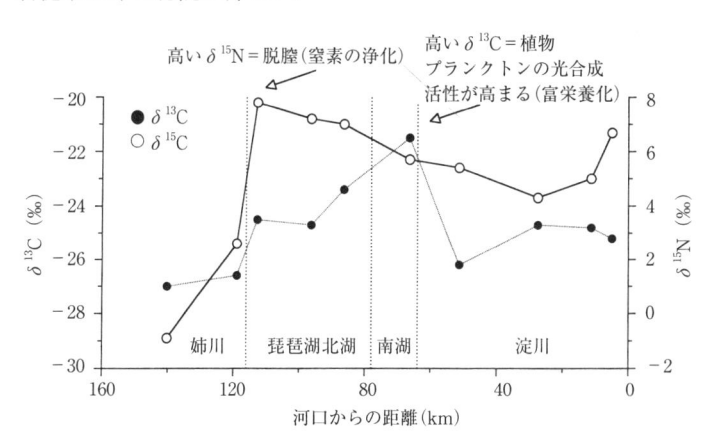

図-6.1 琵琶湖−淀川水系における底泥中の炭素・窒素安定同位体比[Yamada $et\ al$ (1996)を改変]

6.1.2 河川生態系における基礎生産者としての底生藻

　植物に代表される光合成生物は,光エネルギーを用いて二酸化炭素と水から有機物を合成する($CO_2 + H_2O +$ 光エネルギー $\rightarrow CH_2O + O_2$).生産された有機物は,生態系内の物質代謝,すなわち生物間の食う-食われる関係の総体である食物網(食物連鎖)構造の出発点となる.そのため,光合成生物は基礎生産者(一次生産者)と呼ばれる.水域生態系の基礎生産者としては,水草(水生の維管側植物),水生のコケ・シダ類,藻類,光合成細菌があげられる.これらのうち,河川生態系では"水あか"と呼ばれる基質に付着して生活する藻類,すなわち底生藻(付着藻)が最も主要な基礎生産者である.その重要性は,日本を代表する魚の一つであるアユが稚魚から成魚に至る過程で底生藻を主食とし特異的に高い成長を短期間で実現する生活史を確立している[川那部(1969)]ことからも伺える.河川の藻類には,底生藻に加えて,河川下流域の緩やかな流れを利用して浮遊生活を送る河川性植物プランクトン(potamo-plankton)がおり,日本でも恒常的に発生していることが確認された[Murakami *et al*.(1992); 村上ほか(2000)]が,その基礎生産者としての寄与はいまだ明らかではない.したがって,現状では,河川生態系における基礎生産の中心は底生藻にあるとみてよいだろう.

　底生藻は,着生する基質の違いにより,石面や岩盤上に生育するもの(epilithic algae),水草の表面に生育するもの(epiphytic algae),砂泥上に生育するもの(epipelic algae)の3つに大別されている.ただし,水草や砂泥上に生育する底生藻に関する情報はきわめて限られており[大塚(1998)],本章では,比較的多くの研究が行われてきた石面上に生育する底生藻に焦点を当てた.底生藻群落は,主に藍細菌(シアノバクテリア),珪藻,緑藻で形成される.藍細菌は,かつては藍藻と呼ばれ藻類とされていたが,原核生物であり,現在では細菌として分類されている.しかしながら,一般には藍藻として通用しているので,ここでは,藻類として扱った.他にはカワモヅクに代表される紅藻が稀に観察される.

　微小な藻類によって形成される底生藻の群落は,最大でも数 mm の厚さである[ただし,カワシオグサ(*Cladophora glomerata*),アオミドロのような大型糸状緑藻が増殖すると数 10 cm 以上の厚さになる(6.3 参照)]が,陸上の森林に似た構造を持っていることがわかる.Tuji(2000)は,底生藻群落の発達に伴う階層構造の遷移を詳細に観察し,発達初期には草原に似た平面的な構造であるが,後期になると光

表-6.1 多摩川中流(関戸橋,河口から 35 km 地点)における水質の変化.1975 年の値はAizahi (1978),2002 年の値は国土交通省データベースより引用

項目	1975年	2002年	2002年/1975年
BOD(mg/L)	7.50 ± 1.96	1.85 ± 0.52	0.25
アンモニア態窒素(mg/L)	5.90 ± 1.34	0.28 ± 0.22	0.05
亜硝酸態窒素(mg/L)	0.29 ± 0.15	0.19 ± 0.07	0.66
硝酸態窒素(mg/L)	2.26 ± 0.19	5.42 ± 0.91	2.40
溶存無機態窒素(mg/L)	8.45 ± 1.25	5.89 ± 0.94	0.70
リン酸態リン(mg/L)	0.75 ± 0.20	0.46 ± 0.04	0.61

示すアンモニア態窒素濃度は 2002 年には著しく減少しているが,代わって硝酸態窒素が増加し,下水処理場から無機化された窒素が大量に流入していることを示している.27 年の間に富栄養化促進物質である溶存態窒素・リン濃度は,3〜4 割程度の削減にとどまり,相変わらず高い濃度である.今後も,この高い窒素,リンが河川水に含まれ,海に供給されるのであれば,沿岸海洋,特に内湾の環境改善は困難であろう.

6.3 自然的攪乱・人為的インパクトに対する底生藻群落の応答

6.3.1 河床攪乱と底生藻群落

(1) 底生藻群落の季節変動と出水頻度

日本の河川における底生藻群落の現存量の季節変化は,上流〜中流では,冬季〜春季にかけて高くなり,夏季〜秋季にかけて低くなる傾向が見られる(図-6.7).底生藻の光合成活性は,水温の上昇に伴い増加する傾向にあるので[Tominaga and Ichimura(1966);相崎(1980a);Nakanishi and Yamamura(1984)].この現存量の低下は,夏季〜秋季には,降雨による出水で河床が物理的に攪乱される頻度が高まるためである.一方,多摩川中〜下流部では,変動は大きいが,夏季に現存量が高まる傾向にある.これは多摩川では底生藻の増殖を律速する栄養塩濃度が高いために,河床攪乱で現存量が低下しても直ちに増加に転じるためである.そして晩秋

~初冬にかけて現存量は低下する．Aizaki(1979)は，この現存量の低下は，藻類相が冬季に優占する種類に切り替わる際に見出されることを報告し，その移行期間であるがゆえに光合成活性が低下し，結果として現存量も低下するとの機構を述べている．

藻類の現存量は，成長と消失のバランスで決定されるが，この消失に大きく影響するのが河床攪乱である．底生藻の現存量の消失を導く河床攪乱には，流速(流量)の増加，河床材料の移動，水中の砂粒による群落の剥離があげられる．このうち，流速(流量)が増加するのみでは現存量を減少させる効果は少なく［皆川ほか(2000)；山本ほか(2003)］，河床材料の移動［北村ほか(2001)；田代ほか(2003)］や砂粒の運搬［北村ほか(2000)；田代ほか(2003)］を伴う攪乱が重要である．井上，海老瀬(1993，1994)は，底生藻群落の現存量の季節変化を2年半にわたって調べ，攪乱頻度を主な要因とする現存量変動モデルを提示した．このモデルで算出された季節変動は，夏季の河床攪乱が頻繁に起こる時期には実測値とよく一致したが，他の時期にはさらなる補正を加えなければならなかった．このように，降雨による出水は，底生藻の現存量を規定する重要な自然的攪乱であるが，通年にわたって作用する要因ではない．

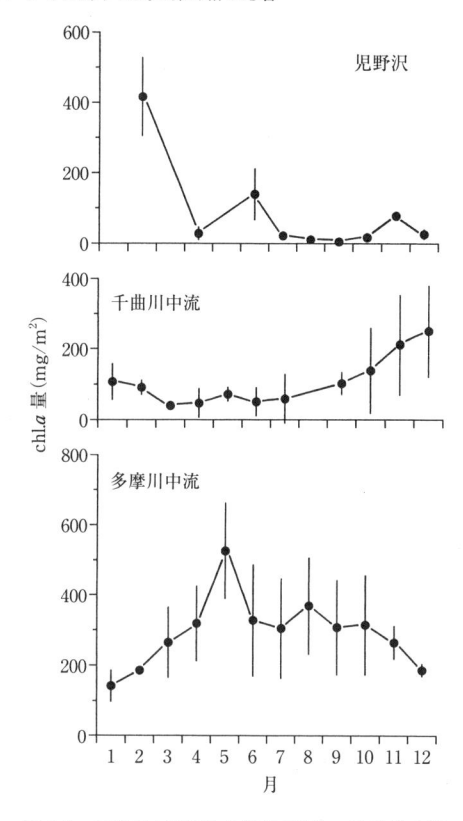

図-6.7 児野沢(長野県木曽福島町)，千曲川中流(長野県上田市)，多摩川中流(東京都丸子橋付近)における底生藻群落のchl.a量の季節変動［Aizaki(1978)；Nakanishi and Yamamura(1984)；桜井(1985)より作図．誤差線は標準偏差］

(2) 大型糸状緑藻群落の発達

河川における大型糸状緑藻の大発生は，河川生態系の物質代謝や物理構造に大き

6. 自然的攪乱・人為的インパクトに対する河川水質と基礎生産者の応答

な変化をもたらす[野崎, 内田(2000)]. 一例として, 糸状緑藻の増殖に伴う基礎生産の増加があげられる(底生藻群落の基礎生産速度の算出). これは群落内の光環境が大きな意味を持っている. 底生藻群落内では, 光はベア-ランベルトの法則(Beer-Lambart law)に従って減衰していく. そこで, 群落の厚さを単位面積当りの chl.a 量とすると, 底生藻群落内の光環境は, 次の式で表せる.

$$I = I_0 \exp^{-kc} \tag{6.3}$$

ここで, I: 底生藻群落下部の光強度, I_0: 底生藻群落直上の光強度, k: 群落内の光の消散係数, c: 底生藻群落の chl.a 量 (mg/m^2) である.

底生藻群落は, 微小な単細胞の藻類で形成された場合, わずか数 mm 以下の狭い空間に細胞が密集するために, 上部に位置する細胞が下部の細胞を著しく遮光する. そのため, 群落下部の細胞は, 枯死・分解し, 石面から剥離し群落は更新される. この自己遮光のため, 通常は chl.a 量で 200~250 mg/m^2 程度に達した群落は剥離しやすくなる[相崎(1980b)]. ところが, 大型糸状緑藻で形成された底生藻群落では, 髪の毛状の数十 cm 以上に及ぶ群落を形成し, chl.a 量は 500~1 000 mg/m^2 に達することがある. これは群落内部の光の減衰が大型糸状緑藻で形成された群落では, 他の微小藻類によって形成された群落に比べて小さいことに起因している(図-6.8). このため, 大型糸状緑藻の増殖は, 底生藻群落の現存量を高め, 結果として基礎生産の増大につながる[Nozaki(1999, 2001)].

加えて, 大型糸状緑藻の発達は, 人間生活への直接的な障害, 例えば,

① 浄水場に流入しろ過池の目詰まりを引き起こす,
② 増殖して河床に堆積した糸状緑藻が腐敗し水に異臭味を付ける,
③ 農業用水を詰まらせる,

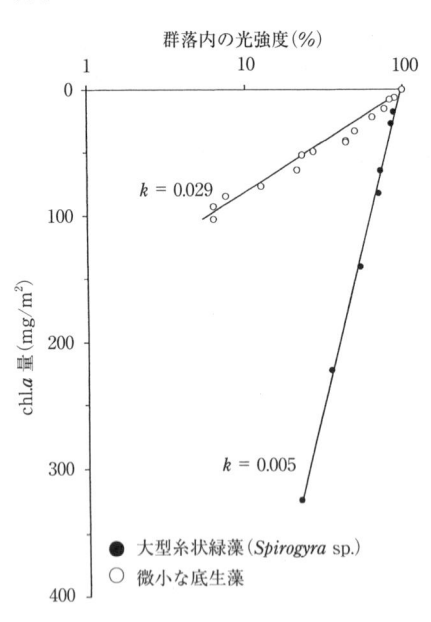

図-6.8 琵琶湖沿岸帯における大型糸状緑藻アオミドロ(*Spirogyra* sp.)の群落と微小な底生藻で形成された群落の光の消散係数[Nozaki(1999)を改変]

6.3 自然的攪乱・人為的インパクトに対する底生藻群落の応答

④ 河川での楽しみを物理的に阻害する,
⑤ 河川の景観を損ねる,

などを生じ,迷惑な藻類(nuisance algae)と呼ばれる[Whitton(1970, 2001); Dodds and Gudder(1992)].日本では矢作川における大発生が報告[山本(2000); 内田ほか(2002)]されており,その制御に関する研究も試みられてきている[北村ほか(2000)].ここでは,糸状緑藻群落の発達には河床の長期間にわたる安定が大きな意味を持つことを解説する.

底生藻群落の基礎生産速度の算出:ここでは,光合成-光曲線と chl. a 量から底生藻群落の基礎生産速度を算出する手順を述べる.算出は,光合成-光曲線を直角双曲線に近似した式(6.1)に1日の光環境の変化をサイン2乗曲線で近似した式を組み込んだ次式で行う[Nozaki(2001)].

$$P_g = \frac{bD}{a}\left(1 - \frac{1}{\sqrt{1 + aI_{max}\exp(-kc)}}\right)$$

ここで,P_g:底生藻群落の日総生産速度(mg-C/m²·日),a, b:光合成-光曲線に近似させた直角双曲線の係数,D:日長時間(h),I_{max}:南中時における底生藻落直上の光強度(通常は,光量子密度 μmol-photon/m²·s),k:底生藻群落内にける単位 chl.a 量当りの光の消散係数(**図-6.8** 参照),c:底生藻群落の chl.a 量 (mg/m²)である.

この式では,底生藻群落の chl.a 量は,自己遮光の度合いを表す指標であるめ,現場で得られた chl.a 量をそのまま代入した場合には,群落の最も下部の基礎生産速度が算出されることになる.したがって,群落全体の基礎生産速度を算出する場合には,底生藻群落の chl.a 量を5〜10段階に分割して,それぞれの段階(群落の厚みを示す)で基礎生産速度を算出し,それを鉛直的に積算してやればよい(**図-6.9** 参照).群落の純生産速度は,次式から呼吸速度を算出して総生産速度から差し引けば求められる.

$$R = 24\,rc$$

ここで,R:底生藻群落の日呼吸速度(mg-C/m²·日),r:底生藻群落の単位時間,単位 chl.a 量当りの呼吸速度(mg-C/mg-chl.a·h),c:底生藻群落の chl.a

6. 自然的攪乱・人為的インパクトに対する河川水質と基礎生産者の応答

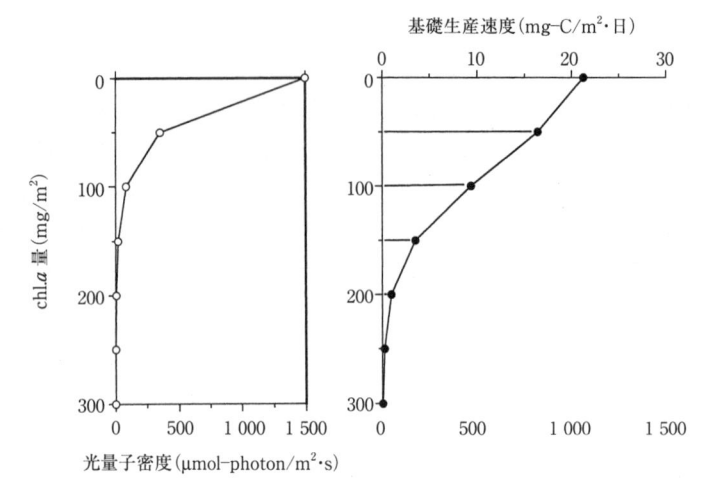

図-6.9 底生藻群落の基礎生産速度を算出する模式図．底生藻群落の chl.a 量が $300\,\mathrm{mg/m^2}$，群落直上の南中時の光量子密度が $1\,500\,\mu\,\mathrm{mol\text{-}photon/m^2 \cdot s}$ の場合を考える．まず，chl.a 量を群落の厚さとして $50\,\mathrm{mg/m^2}$ ごとに分割する．光合成光曲線から得た係数を $a=0.017$，$b=0.032$，群落内の光の消散係数を $k=0.029$ として，各層の基礎生産速度を算出する．最後に分割間の基礎生産を台形面積として積算して群落全体の基礎生産速度を求める

量 $(\mathrm{mg/m^2})$ である．

底生藻群落内の光の消散係数を求めるには，暗室等の外部からの光を遮断した環境で，底生藻群落を懸濁させたガラスシャーレの上部から照射し，その中を通過する光を測定すればよい[**図-6.10**．Nozaki(1999)]．懸濁させる量を様々に変えれば底生藻群落の厚さと群落内の光環境の関係が推定できる．糸状緑藻は微細藻に比べて密度の低い立体的な群落を形成するために，群落内の光の消散係数は微細藻の群落に比べて著しく小さくなる(**図-6.8**)．これが糸状緑藻群落の生産力が高い理由である．水生植物の

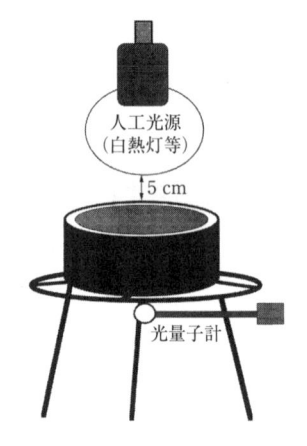

図-6.10 底生藻群落内の光の消散係数を求める仕組み

光合成・生産過程の生理生態的な仕組みについては，生嶋(1972)，有賀(1973)，Parsons, Takahashi and Hargrave[(1984)．古谷訳(1996)]の教科書が詳しい．

6.3 自然的攪乱・人為的インパクトに対する底生藻群落の応答

図-6.11は，犬上川河口部（滋賀県彦根市）における大型糸状緑藻ウキシオグサ（*Cladophora crispata*）の細胞数と物理的な環境要因の季節変化を記載したものである［野崎（未発表）］．*Cladophora*は，5～6月にかけて大きく増加し（**写真-6.1，6.2**），10～11月にかけてもわずかに増加した．どちらの時期も南中時の水温が

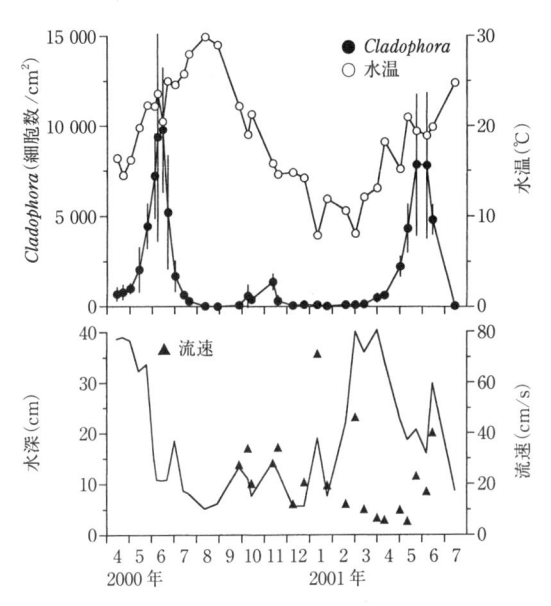

図-6.11 犬上川下流域（滋賀県彦根市）における大型糸状緑藻ウキシオグサ（*Cladophora crispata*）の細胞数および環境要因（水温，水深，流速）の季節変化［野崎（未発表）］

写真-6.1 犬上川下流域（滋賀県彦根市）における大型糸状緑藻ウキシオグサ（*Cladophora crispata*）の大繁茂（2000年6月）

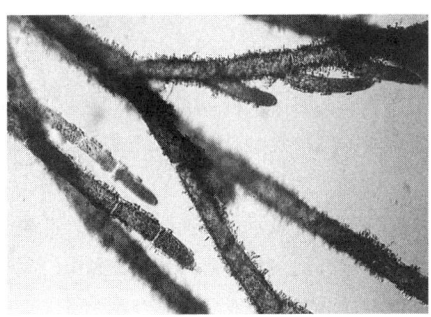

写真-6.2 大型糸状緑藻ウキシオグサ（*Cladophora crispata*）の顕微鏡写真（200倍）

参考文献

- 野崎健太郎, 坂井正, 中本信忠：菅平ダム湖での *Nitzschia holsatica* のブルームと石舟浄水場のろ過閉塞障害, 日本水処理生物学会誌, 28, pp. 123-127, 1992.
- 野崎健太郎, 内田朝子：河川における糸状緑藻の大発生, 矢作川研究, 4, pp. 159-168, 2000.
- 野崎健太郎, 神松幸弘, 山本敏哉, 後藤直成, 三田村緒佐武：矢作川中流域における糸状緑藻 *Cladophorera glomata* の光合成活性, 矢作川研究, 7, pp. 169-176, 2003.
- 浜端悦治, 國松孝男, 草加伸吾：硝酸態窒素の流出に及ぼす森林伐採の影響-琵琶湖集水域での野外実験から., 月刊 海洋, 34, pp. 396-401, 2002.
- 古谷研：粒状物質の一次生成, 生物海洋学2(高橋正征, 古谷研, 石丸隆監訳), p. 90, 東海大学出版会, 1996.
- 古屋八重子：吉野川における造網性トビケラの流程分布と密度の年次変化, 特にオオシマトビケラ(昆虫, 毛翅目)の生息域拡大と密度増加について, 陸水学雑誌, 59, pp. 429-441, 1998.
- 皆川朋子, 清水高男, 島谷幸宏：流量変動が生物に及ぼす影響に関する実験的検討, 河川技術に関する論文集, 6, pp. 191-196, 2000.
- 三橋弘宗, 野崎健太郎：三重県宮川における糸状緑藻 *Spirogyra* sp.の大発生, 陸水生物学報, 14, pp. 9-15, 1999.
- 三橋弘宗：森から川への贈り物, ふしぎの博物誌(河合雅雄編), pp. 75-86, 中公新書1680, 2003.
- 村上まり恵, 山田浩之, 中村太士：北海道南部の山地小河川における微細土砂の堆積と浮き石および河床内の透水性に関する研究, 応用生態工学, 4, pp. 109-120, 2001.
- 村上哲生, 西條八束, 奥田節夫：河口堰, p. 188, 講談社, 2000.
- 村上哲生, 服部典子, 藤森俊雄, 西條八束：夏季の長良川河口堰下流部の貧酸素水塊の発達と解消, 応用生態工学, 4, pp. 73-80, 2001.
- 山田浩之, 中村太士：微細砂堆積による河床透水性の低下がサクラマス卵の生残率に及ぼす影響, 日本林学会北海道支部論文集, 49, pp. 112-114, 2001.
- 山田佳裕, 野崎健太郎：炭素・窒素安定同位体比精密測定法を用いた琵琶湖生態系の解析, 月刊 海洋, 29, pp. 399-407, 1997.
- 山田佳裕, 中西正己：地域開発・都市化と水・物質循環の変化, 岩波講座地球環境学4, 水・物質循環系の変化(和田英太郎, 安成哲三編), pp. 229-265, 岩波書店, 1999.
- 山田佳裕, 吉岡崇仁：水域生態系における安定同位体解析, 日本生態学会誌, 49, pp. 39-46, 1999.
- 山田佳裕, 丸山敦, 石樋由香：沿岸帯における炭素・窒素安定同位体比研究の話題, 陸水学雑誌, 63, pp. 261-267, 2002.
- 山本亮介, 松梨史郎, 下垣久：移動粒子を伴う流れの付着藻類剥離効果, 水工学論文集, 47, pp. 1069-1074, 2003.
- 山本敏哉：アユ釣りの記憶からたどった釣果の変遷, 矢作川研究, 4, pp. 169-175, 2000.
- 吉岡崇仁：地球環境変化に対する陸水の応答, 陸水学雑誌, 61, pp. 95-100, 2000.
- 吉田和広, 小倉紀雄：野川湧水中の硝酸塩濃度とその起源, 地球化学, 12, pp. 44-51, 1978.

- Aizaki, M. : Seasonal changes in standing crop and production of periphyton in the Tamagawa river, *Japanese Journal of Ecology*, 28, pp. 123-134, 1978.
- Aizaki, M. : Growth rates of microorganisms in a periphyton community, *Japanese Journal of Limnology*, 40, pp. 10-19, 1979..
- Aizaki, M. & Sakamoto, K. : Relationships between water quality and periphyton biomass in several streams in Japan, *Verhandlungen der Internationale Vereinigung fur Theoretische und Angewandt Limnologie*, 23, pp. 1511-1518, 1988.

6. 自然的攪乱・人為的インパクトに対する河川水質と基礎生産者の応答

- Biggs, B. J. F. : Patterns in benthic algae of streams. In : Algal Ecology-Freshwater Benthic Ecosystems (Eds. Stevenson, J., Bothwell, M. L. & Lowe, R. L.), pp. 31-56, Academic Press, San Diego, 1996.
- Biggs, B. J. F. : Eutrophication of streams and rivers : dissolved nutrient-chlorophyll relationships for benthic algae, *Journal of the North American Benthological Society*, 19, pp. 17-31, 2000.
- Biggs, B. J. F. & Close, M. E. : Periphyton biomass dynamics in gravel bed rivers : The relative effects of flows and nutrients, *Freshwater Biology*, 22, pp. 209-231, 1989.
- Borchardt, M. A. : Nutrients. In : Algal Ecology-Freshwater Benthic Ecosystems ((Eds. J. Stevenson, J., Bothwell, M. L. & Lowe, R. L.), pp. 183-227, Academic Press, San Diego, 1996.
- Bormann, F. H. & Likens, G. E. : Pattern and process in a forested ecosystem, Springer, New York, 1979.
- Chetelat, J., Pick, F. R., Morin, A. & Hamilton, P. B. : Periphyton biomass and community composition in rivers of different nutrient status, *Canadian Journal of Fisheries and Aquatic Sciences*, 56, pp. 560-569, 1999.
- Dodds, W. K. & Gudder, D. A. : (1992) The ecology of *Cladophora*, *Journal of Phycology*, 28, pp. 415-427, 1992.
- Dodds, W. K., Smith, V. H. & Zander, B. : Developing nutrient targets to control benthic chlorophyll levels in streams : A case study of the Clark Fork River, *Water Research*, 31, pp .1738-1750, 1997.
- Kawaguchi, Y. & Nakano, S. : Contribution of terrestrial invertebrates to the annual resource budget for salmonids in forest and grassland reaches of a headwater stream, *Freshwater Biology*, 46, pp. 303-316, 2001.
- Kobayashi, H. : Chlorophyll content and primary production of the sessile algal community in the mountain stream Chigonosawa running close to the Kiso Biological Station of the Kyoto University, Memoirs of the Faculty of Science, Kyoto University, Series of Biology, 5, pp. 89-107, 1972.
- Likens, G. E. : Biogeochemistry, the watershed approach: some use and limitations, *Marine and Freshwater Research*, 52, pp. 5-12, 2001.
- Likens, G. E. & Bormann, F. H. : Biogeochemistry of a Forested Ecosystem, 2nd edn., Springer, New York, 1995.
- Lowe, R. L. & Pan, Y. : Benthic algal communities as biological monitors. In : Algal Ecology-Freshwater Benthic Ecosystems (Eds. Stevenson, J., Bothwell, M. L. & Lowe, R. L.), pp. 705-739, Academic Press, San Diego, 1996.
- Murakami, T., Isaji, C., Kuroda, N., Yoshida, K. & Haga, H. : Potamoplanktonic diatoms in the Nagara River ; flora, population dynamics and influences on water quality, *Japanese Journal of Limnology*, 53, pp. 1-12, 1992.
- Nakanishi, M. & Yamamura, N. : Seasonal changes in the primary production and chlorophyll a amount of sessile algal community in a small mountain stream, Chigonosawa, Memoirs of the Faculty of Science, Kyoto University, Series of Biology, 9, pp. 89-107, 1984.
- Nakano, S., Miyasaka, H. & Kuhara, N. : Terrestrial-aquatic linkages : riparian arthropod inputs alter trophic cascades in a stream food web, *Ecology*, 80, pp. 2435-2441, 1999.
- Nakano, S. & Murakami, M. : Reciprocal subsides : dynamic interdependence between terrestrial and aquatic food webs, *Proceedings of the National Academy of Sciences of the United States of America*, 98, pp. 166-170, 2001.
- Nozaki, K. : Algal community structure in a littoral zone in the north basin of Lake Biwa, *Japanese*

参考文献

Journal of Limnology, 60, pp. 139-157, 1999..
- Nozaki, K. : Abrupt change in primary productivity in a littoral zone of Lake Biwa with the development of filamentous green-algal community, *Freshwater Biology*, 46, pp. 587-602, 2001.
- Okada, H. & Watanabe, Y. : Effect of physical factors on the distribution of filamentous green algae in the Tama River, *Limnology*, 3, pp. 121-126, 2002.
- Parsons, T.R., Takahashi, M. & Hargrave, B. : Biological Oceanographic Processes((3rd edition), Pergamon Press, New York, 1984.
- Peterson, C. G. & Stevenson, J. : Resistance and resilience of lotic algal communities : importance of disturbance timing and current, *Ecology*, 73, pp. 1445-1461, 1992.
- Power, M. E. : Hydrologic and trophic controls of seasonal algal blooms in northern California rivers, *Archiv fur Hydrobiologie*, 125, pp. 385-410, 1992.
- Power, M. E. & Stewart, A. J. : Disturbance and recovery of an algal assemblage following flooding in an Oklahoma stream, *American Midland Naturalist*, 117, pp. 333-345, 1987.
- Sakamoto, M. : Primary production by phytoplankton community in some Japanese lakes and its dependence on lake depth, *Archiv fur Hidrobiologie*, 62, pp. 1-28, 1966.
- Stevenson, R. J. : Scale-dependent determinants and consequences of benthic algal heterogeneity, *Journal of the North American Benthological Society*, 16, pp. 248-262, 1997.
- Tamiya, H. : Some theoretical notes on the kinetics of algal growth, *Botanical Magazine*, 64, pp. 167-173, Tokyo, 1951..
- Tominaga, H. & Ichimura, S. : Ecological studies on the organic matter production in a mountain river ecosystem, *Botanical Magazine*, 79, pp. 815-829, Tokyo, 1966.
- Tuji, A. : Observation of developmental processes in loosely attached diatom (Bacillariophyceae) communities, *Phycological Research*, 48, pp.75-84, 2000,.
- Uehlinger, U. : Spatial and temporal variability of the periphyton biomass in a prealpine river (Necker, Switzerland), *Archiv fur Hydrobiology*, 123, pp. 219-237, 1991.
- Watanabe, T., Asai, K. & Houki, A. : Numerical water quality monitoring of organic pollution using diatom assemblages, In: Proceedings of the 9th International Diatom Symposium (Edn. Round, E. F.), pp. 123-141, Biopress Ltd., Bristol, UK, 1988.
- Whitton, B. A. : Biology of Cladophora in freshwater, *Water Research*, 4, pp. 457-476, 1970.
- Whitton, B. A. : Increase in nuisance macro-algae in rivers : a review, *Verhandlungen der Internationale Vereinigung fur Theoretische und Angewandt Limnologie*, 27, pp. 1257-1259, 2001.
- Yamada, H. & Nakamura, F. : Effect of fine sediment deposition and channel works on periphyton biomass in the Makomanai River, *Northern Japan. River Research and Applications*, 18, pp. 481-493, 2002.
- Yamada, Y., Ueda, T. & Wada, E. : Distribution of carbon and nitrogen isotope ratios in the Yodo River watershed, *Japanese Journal of Limnology*, 57, pp. 467-477, 1996.

7. 自然的攪乱・人為インパクトに対する底生動物の応答特性：出水が底生動物に及ぼす影響

(加賀谷隆)

7.1 概　　説

　流量が変動するのは，河川本来の姿である．出水に伴う土砂移動があることで，瀬-淵構造をはじめとする複雑で多様な河川の構造が形成されていく．河川生物は，流量の変動によって形づくられる様々な生息場に，個々の種がそれぞれ適した生活様式を進化させてきた．形態，生理，生態が，流れの速い瀬に適するように進化してきた種の多くは，淵には棲めないし，砂底に適した生活様式を獲得した種は，瀬に棲むことはむずかしい．河川では，流量が変動するからこそ，多様な生息場が存在するのであり，多様な生物種の生息が可能となっているのである．
　その一方で，出水は，河川生物にとって生活をおびやかすイヴェントである．いくら流れに適応した河川生物でも，耐えられる水流の剥離力には限界がある．そのため，出水によって水流の剪断応力が著しく増加すれば，生物は流されて死亡に至るものがでてくる．出水は，河床材料の転動や滑動によって生息場をも一時的に破壊する．さらに，底生藻は剥離し，細粒土砂に研磨され，滞留していた有機物は流出してしまう．河川の動物にとって出水は，食物資源の減少や枯渇を引き起こしてしまうのである．このような出水がたびたび生じるのが河川本来の姿であるから，河川生物はなんらかのかたちでこれをしのぐ適応を進化させていなければ，生き残り，子孫を残すことはできない．河川生物は，出水によって，長期的には生息場所

7. 自然的攪乱・人為インパクトに対する底生動物の応答特性：出水が底生動物に及ぼす影響

の提供という恩恵を受けているとともに，短期的には破壊的な暴力と対峙する必要を迫られる中で生きてきたのである．

　流量の変動が河川本来の姿であるなら，個々の河川の生物は，出水の影響を受けるにせよ，なんらかの適応によって出水をしのぎ，影響を受けないにせよ，それがその河川の生物にとって常態であるといえる．このように捉えるのであれば，河川生物にとって出水は攪乱とはいえないものなのかもしれない．しかしながら，ダムによる貯水や放流による流量調節，農業用水や都市用水のための堰による取水や下水排水の流入，流域の土地利用の変化，森林伐採等による流域植生の変化は，自然流況を大きく改変してきた(2．参照)．このような流況の人為改変が河川生物や河川生態系に及ぼす影響を予測するには，流量の変動と河川生物の動態をつなぐメカニズムを理解する必要がある．そのためには，出水を攪乱として捉え，河川生物と生息場の構造との関係とともに，出水に対する河川生物の応答特性を理解することが肝要である．

　これまでの攪乱の定義には，主に物理要因による破壊的特性とそれに対する生物の応答を含むもの，それから，破壊的特性のみを攪乱とし生物の応答を含まないものの2通りがある．前者の定義では，出水があっても河川生物がなんらかの手段でしのいでしまえば，その出水イヴェントは攪乱とは捉えられなくなる．流況の人為改変の影響を考えるには，まず，出水の河川生物に対する影響を地点間や個々の出水イヴェント間で比較して把握することが必要である．そのため，実際に生じる生物に対する影響の大きさとは独立に，出水を攪乱として定義することが望ましい．ここでは出水攪乱を，「生物の生息環境(ハビタット)を物理的に改変するあらゆる高水事象」と定義する．出水攪乱とそれに対する河川生物の応答は，幅広い時空間スケールにおいて生じる現象である．ある人は個々の石礫における攪乱とその応答を見ているのに，ある人は流域スケールで攪乱とその応答を考えているようだとわけがわからなくなってしまう．河川生物に対する出水攪乱の影響を理解するには，時空間スケールを明確にして現象を捉えることが重要である．

　本章では，河川底生動物を対象とし，出水の影響を理解するための考え方を整理するとともに，出水攪乱の影響の大きさを決める要因を既存研究をもとに総説した．まず，概念的に出水攪乱と底生動物の応答の特徴付けを行い，実際の河川において出水に対する底生動物の応答を調べた研究報告については概説するにとどめた．次に，攪乱とそれに対する応答が生じる時空間スケールを意識しつつ，出水攪

7. 自然的攪乱・人為インパクトに対する底生動物の応答特性：出水が底生動物に及ぼす影響

虫類の場合にはそれに加えて成虫の飛翔によるものであろう．回復速度を速める底生動物の特性としては，世代期間が短いこと，繁殖力が大きいことがあげられる．回復速度には出水攪乱の及ぶ空間的規模が関わる．出水攪乱の空間的規模がせいぜいリーチ単位であり，大きなインパクトを受けたリーチ近辺にインパクトの小さいリーチが存在すれば，回復時間は短くてすむ．しかし，このような状況は例外的だろう．強度の大きな出水攪乱は，セグメント全体に及ぶ場合が多いと思われる．

　セグメント全体に及ぶ出水攪乱の場合，攪乱が河川の流程のどこで生じるかによって，回復速度を大きくする底生動物の特性は異なってくる．一般に，渓流域あるいは上流域のセグメントは，互いに近接しているのに対し，河川域あるいは下流域のセグメント同士は比較的離れて存在する．底生動物の流程分布域は，種によって異なることを 7.2 で述べたが，ここでは水生昆虫類について概念的に，渓流域セグメントのみに分布する種(S タイプ)，河川域セグメントのみに分布する種(R タイプ)，渓流域と河川域のセグメントの両方に分布する種(SR タイプ)の3タイプを考える．渓流域のセグメント全体に及ぶ攪乱の場合，S タイプや SR タイプの種は，攪乱のインパクトが小さい渓流域セグメントが近くにあれば，わずかな成虫の飛翔分散力で回復は速まる[図-7.6(a)]．ところが，河川域のセグメント全体に及ぶ攪乱の場合，R タイプの種が回復するには，大きな飛翔分散力が必要となる[図-7.6(b)]．ただし，この場合でも SR タイプの種であれば，枝谷からの飛翔や流下による回復ができるため，わずかな飛翔力や流下移動力があればよい[図-7.6(c)]．

　以上，出水攪乱の影響を小さなものにする底生動物種の特性について，リーチスケールにおける抵抗性と回復速度，セグメントスケールにおける回復速度に関わる

(a) 上流域(セグメント M)の攪乱に対する上流域分布種の回復　(b) 下流域(セグメント 1, 2)の攪乱に対する下流域のみに分布する種の回復　(c) 下流域の攪乱に対する上流域と下流域の両方に分布する種の回復

斜線箇所は出水攪乱によるインパクトを受けたセグメント，白抜き矢印は飛翔分散による，黒矢印は流下による侵入定着を示す．

図-7.6　セグメントスケールの攪乱からの回復プロセス

特性に整理して検討した．海外では，個々の河川における出水攪乱の強度や頻度
と，その河川に生息する底生動物種のこのような特性との関係を調べた研究例
[Townsend et al.(1997a, 1997b)]があるが，日本の河川では，そのような評価は
なされていない．

7.5 攪乱からの回復時間

　実際の河川で，出水によって底生動物群集がどう変化するかを調べた報告は多い．しかし，増水ピーク時に調査を行うことはたいへん困難な場合が多いため，出水攪乱のインパクトの大きさについて，厳密な評価はほとんどなされていない．増水時の調査で得られるデータでも，多かれ少なかれ既に回復が始まっている時点のものとみなさなければならない場合が多い．一方，回復時間に関するデータは，比較的よく集積されている．

　攪乱からの回復時間に関しては，出水以外の攪乱に関する情報でも役に立つ．ここでは，出水を含むあらゆる攪乱からの底生動物群集の回復時間について総説したNiemi et al.(1990)のまとめを紹介しよう．パルス型攪乱から攪乱前の生息密度に達するまでの回復時間は，85％の事例が18箇月以内であり，回復に1年以上を要する事例は，下流域の地点に多かった(**図-7.7**)．底生動物群集全体で見ると，生息密度，バイオマス，種数とも80％が1年以内に回復していたものの，9箇月で回復する事例は，生息密度では60％を超えていたのに対し，バイオマス，種数では40％に満たなかった(**図-7.8**)．これは，ユスリカ類等の世代期間が短く個体数の優占度が大きな分類群が速く回復したことによるものである．これらの結果は，攪乱の強度や期間，空間的規模等の特性を区別していないため一概にはいえないものの，底生動物の多くの種の世代期間が1年以下であることを考えると，底生動物群集は出水攪乱後に構成種一世代回ればおおむね回復することを示しているとい

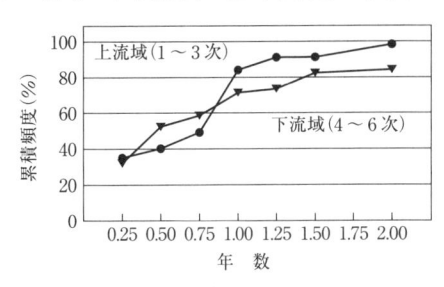

図-7.7 底生動物生息密度のパルス型攪乱からの回復時間の累積頻度分布[Niemi et al.(1990)を改変]

えよう．特に上流域での回復の速さは，水生昆虫の成虫による飛翔分散や，生き残った個体の繁殖力の大きさによるものと思われる．水生昆虫類の分類学上の単位である目ごとに，回復時間を比較してみると，回復時間は，世代期間が短いユスリカ類を含むハエ目が最も短く，3箇月以内に生息密度が回復した事例が50%以上を占めた(**図-7.9**)．以下，回復時間は，カゲロウ目，トビケラ目，カワゲラ目の順であり，これはほぼ平均的な世代期間の長さに対応している．

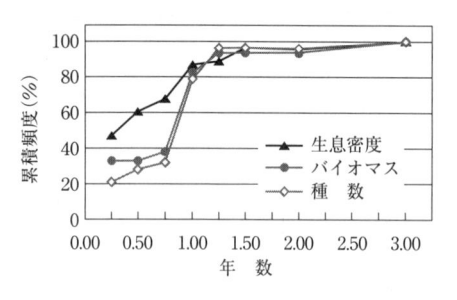

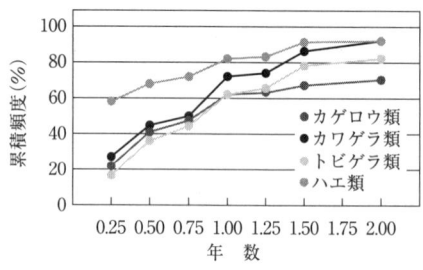

図-7.8 底生動物群集の生息密度，バイオマス，種数の回復時間の比較[Niemi *et al.*(1990)を改変]

図-7.9 水生昆虫類の各グループの回復時間の累積頻度分布[Niemi *et al.*(1990)を改変]

7.6 リーチ内待避場

底生動物に対する出水攪乱のリーチスケールでのインパクトを小さいものとするうえで，リーチ内に供給源や待避場があることは重要である．ここでは，供給源と待避場をまとめて「リーチ内待避場」と呼ぶことにする．リーチ内待避場は，「出水時においても剪断応力が小さい場所であり，底生動物の密度非依存的消失率が小さい場所」と定義される[Lancaster and Hildrew(1993a)]．「密度非依存的消失率が小さい」というのは，インパクトの大きさを出水直前の生息密度と出水中に生じる生息密度の最低値との比で見た場合，他のミクロハビタットにおけるインパクトよりもリーチ内待避場のインパクトの方が小さいということである．リーチ内待避場では，出水直前に比べて出水時に生息密度が増加する場合(純粋な待避場)もあるし，減少する場合(供給源，あるいは待避場と供給源の機能が混合)もある．ただし，ある場所が供給源や待避場として機能するためには，この定義ではほんとうは足りな

7.6 リーチ内待避場

い．水位が低下した後に，そこから他のミクロハビタットへと移動していけることが必要である．とはいえ，そこまできちんと調べた研究例は少ないため，ここでは前者の定義によるものを「一時的な待避場」，後者の移動まで示された場合を「真の待避場」として区別する場合がある．

これまでにリーチ内待避場と考えられてきた場所は，いくつかある．河原，高水敷，ワンド，岸際のヨシ等の水草生育域，河床構造の複雑な（大きな底質からなる）瀬，巨礫の下流側および下面，はまり石，MBC（microform bed cluster），河床深層間隙域，リターパッチ（落葉枝堆積），倒流木堆積，礫表面の蘚苔類等がそうだが（**図-7.10**），実際に待避場として機能していることが確証されている例は少ない．

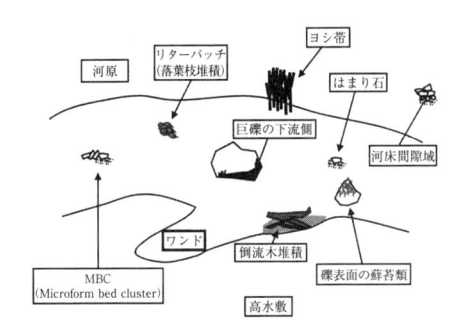

図-7.10 底生動物のリーチ内待避場として機能する可能性のある場所

7.6.1 冠水した氾濫原や河原等

平水時は水のない氾濫原や河原のたまり，側流路等へ増水時に底生動物が侵入することを観察した例はいくつかある[Perry & Perry(1986)；Prévot & Prévot(1986)；Badri et al.(1987)；Cellot(1996)]．しかし，こういった場所が真のリーチ内待避場として機能するには，出水がおさまった後に主流路に戻れるかどうかが鍵となる．水位の低下が急速に起こるなら，底生動物は氾濫原や河原に取り残されてしまうからである．

Prévot & Prévot(1986)は，フランスの大河川であるDurance川において，岸際や間隙水を源とする側流路の緩い流れが底生動物の待避場となっているかどうかを調べた．出水後の水位の低下期に，岸際や側流路と主流路の底生動物を比較すると，岸際や側流路の方が底生動物の個体数や種数は多かった．つまり，岸際や側流路は少なくとも一時的な待避場として機能していたといえる．さらに，水位の低下期に主流路と側流路で流下している底生動物を調べたところ，流下密度は側流路の方が多く，また主流路の流下動物種の大半は，岸際や側流路でのみ生息が確認されたものであった．このことから，岸際や側流路に待避していた底生動物は主流路に

戻っていることが示唆され，これらの場所は真の待避場として機能していることが支持された．Badri et al.(1987)は，フランスの地中海側の小河川であるRdat川において，春季の雨による3週間の出水中に，平水時は水のない草本の生育する氾濫原に集まった底生動物を調べている．水位が数日間にわたって徐々に低下するに従って氾濫原で見られた底生動物の大半は主流路に戻っていき，特にコカゲロウ類やブユ類等の通常は瀬に生息する種は，その傾向が顕著であった．この研究でも，冠水した氾濫原は，底生動物の重要な真の待避場となっていることが示されている．

一方，Perry and Perry(1986)が，米国モンタナ州の2つの河川において実験的に流量を操作した研究では，急速な流量の低下により，氾濫原に侵入していた多くの底生動物が水辺に取り残されてしまった．彼らは，乾燥が進行するにつれて，残された底生動物は氾濫原床に掘潜してしのぐのではないかと考えているが，その後の運命は不明である．Matthaei & Townsend(2000)は，ニュージーランドの小河川であるKye Burn川において，出水ピーク時と氾濫原が干上がった1日後に，冠水した側流路の浅い部分と，主流路の浅い河岸部分の底生動物を調べた．その結果，平水時に主流路に生息する底生動物のうち，出水時に冠水した氾濫原に移動してきた個体は最大で20～30％，種数では80％と見積もられた．また，氾濫原が干上がった1日後の全底生動物生息密度，種数，および主要種の生息密度は，出水ピーク時に比べて有意に少なくなり，底生動物は，おそらく流下によって主流路に戻っていると考えられた．しかし，氾濫原に移動した全底生動物のうち37％は，干上がった氾濫原に取り残されてしまっていた．さらに，この時点で主流路の流量はまだ十分に低下しておらず，主流路に戻った底生動物も，なお大きな剪断応力にさらされてしまうと考えられた．これらのことから，少なくともこの河川の氾濫原の礫床は，一時的な避難場とはなるものの，真の待避場としては機能しないものと思われる．

7.6.2 巨礫の下流側および下面

河床に大きな粗度要素があると，そのすぐ下流側には，流速の小さな後流域が形成される．巨礫はこうした粗度要素の代表的なものであり，出水時の待避場として機能する可能性がある[Townsend(1989)]．Bouckaert & Davis(1998)は，巨礫の直上流側と直下流側の後流域で底生動物を調べたところ，微細有機物を摂食する収集食者(ヌカユスリカ属，ミミズ類等)は後流域に多く，また，生息種数も後流域の

7.6 リーチ内待避場

方が多かった．後流域では，乱流により微細有機粒子や溶存酸素が多く供給されるために，底生動物にとって好適な生息場となっているのかもしれない．しかし，微視的な水理環境を調べてみると，6割水深流速は後流域の方が有意に小さいものの，乱流強度は，すべての水深にわたり後流域の方が大きかった．また，流下方向－垂直方向の二次元平面における剪断応力は，垂直方向の流速成分が大きい後流域の方が大きかった．Brooks(1998)は，同様に，平水時には水面から突出した大きな巨礫の下流域の底生動物群集は，豊富で多様であることを認めている．しかし，巨礫が水没してしまうような出水時には，巨礫の後流域は激しい乱流域となり，有機物とともに底生動物のほとんどが消失してしまった(**図-7.11**)．したがって，巨礫の直下流側が待避場として機能するとしても，大きな出水を除いた場合に限られると思われる．

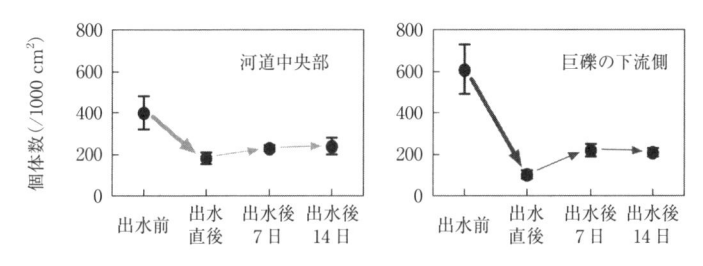

図-7.11 河道中央部と巨礫の下流側における出水前後の底生動物個体数の変化
［Brooks(1998)を改変］

浮き石の巨礫では，礫の下面に停水域が生じうる．多摩川において，出水ピーク後に増水が継続している状況下で，巨礫以外のミクロハビタットでは，ほとんど底生動物が見られなかったにも関わらず，岸際の浮き石の巨礫の下面に大型のカワゲラ類やヘビトンボが多数生息していることが認められている［加賀谷，小野(未発表)］．

7.6.3 はまり石

はまり石は，浮き石に比べて隙間が少ないため，底生動物のハビタットとして好適性は低い場合が多い．しかし，浮き石に比べて安定度は高いため，出水時に待避場として機能しうる．Matthaei *et al.*(2000)は，ニュージーランドの礫床河川において，出水前後に，浮き石とはまり石の表面に生息する底生動物を比較し，はまり石が待避場として底生動物に利用されているかどうかを調べた．出水前には，種

参考文献

- Gayraud, S., Philippe, M. & Maridet, L. : The response of benthic macroinvertebrates to artificial disturbance : drift or vertical movement in the gravel bed of two Sub-Alpine streams? *Archiv für Hydrobiologie*, 147, pp. 431-446, 2000.
- Kobayashi, S. & Kagaya, T. : Differences in litter characteristics and macroinvertebrate assemblages between litter patches in pools and riffles in a headwater stream, *Limnology*, 3, pp. 37-42, 2002.
- Lake, P. S. : Disturbance, patchiness, and diversity in streams, *Journal of the North American Benthological Society*, 19, pp. 573-592, 2000.
- Lancaster, J. & Belyea, L. R. : Nested hierarchies and scale-dependent of mechanisms of flow refugium use, *Journal of the North American Benthological Society*, 16, pp. 221-238, 1997.
- Lancaster, J. & Hildrew, A. G. : Characterizing in-stream flow refugia, *Canadian Journal of Fisheries and Aquatic Sciences*, 50, pp. 1663-1675, 1993a.
- Matthaei, C. D., Uehlinger, U. & Frutiger, A. : Response of benthic invertebrates to natural versus experimental disturbance in a Swiss prealpine river, *Freshwater Biology*, 37, pp. 61-77, 1997a.
- Matthaei, C. D., Werthmuller, D. & Frutiger, A. : Invertebrate recovery from a bed-moving spate : the role of drift versus movements inside or over the substratum, *Archiv für Hydrobiologie*, 140, pp. 221-235, 1997b.
- Matthaei, C. D., Arbuckle, C. J. & Townsend, C. R. : Stable surface stones as refugia for invertebrates during disturbance in a New Zealand stream, *Journal of the North American Benthological Society*, 19, pp. 82-93, 2000.
- Matthaei, C. D. & Townsend, C. R. : Inundated floodplain gravels in a stream with an unstable bed:temporary shelter or true invertebrate refugium? *New Zealand Journal of Marine and Freshwater Research*, 34, pp. 147-156, 2000.
- Naiman, R. J. : Characteristics of sediment and organic carbon export from pristine boreal forest watershed, *Canadian Journal of Fisheries and Aquatic Sciences*, 39, pp. 1699-1718, 1982.
- Niemi, G. J., DeVore, P., Detenbeck, D., Taylor, D., Yount, A., Lima, A., Pastor, J. & Naiman, R. J. : Overview of case studies on recovery of aquatic systems from disturbance, *Environmental Management*, 14, pp. 571-588, 1990.
- Palmer, M. A., Arensburger, P., Martin, A. P. & Denman, D. : Disturbance and patch-specific responses : the interactive effects of woody debris and floods on lotic invertebrates, *Oecologia*, 105, pp. 247-257, 1996.
- Palmer, M. A., Belly, A. E. & Berg, K. A. : Responses of invertebrates to lotic disturbances : a test of the hyporheic refuge hypothesis, *Oecologia*, 89, pp. 182-194, 1992.
- Perry, S. A. & Perry, W. B. : Effects of experimental flow regulation on invertebrate drift and stranding in the Flathead and Kootenai Rivers, Montana, USA, *Hydrobiologia*, 134, pp. 171-182, 1986.
- Poole, W. C. & Stewart, K. W. : The vertical distribution of macrobenthos within the substratum of the Brazos River, Texas, *Hydrobiologia*, 50, pp. 151-160, 1976.
- Prévot, G. & Prévot, R. : Inpact d'une crue sur la communautéd' invertebres de la Moyenne Durance. Role de la derive dans la rteconstitution du peuplement du chenal principal, *Annale de Limnologie*, 22, pp. 89-98, 1986.
- Richardson, J. S. : Seasonal food limitation of detritivores in a montane stream : an experimental test, *Ecology*, 72, pp. 873-887, 1991.
- Richardson, J. S. : Food, microhabitat, or both? Macroinvertebrate use of leaf accumulations in a montane stream, *Freshwater Biology*, 27, pp. 169-176, 1992.

7. 自然的攪乱・人為インパクトに対する底生動物の応答特性:出水が底生動物に及ぼす影響

- Smock, L. A., Metzler, G. M. & Gladden, J. E. : Role of debris dams in the structure and functioning of low gradient headwater streams, *Ecology*, 70, pp. 764-755, 1989.
- Townsend, C. R. : The patch dynamics concept of stream community ecology, *Journal of the North American Benthological Society*, 8, pp. 36-50, 1989.
- Townsend, C. R., Doledec, S. & Scarsbrook, M. R. : Species traits in relation to temporal and spatial heterogeneity in streams: a test of habitat templet theory, *Freshwater Biology*, 37, pp. 367-387, 1997a.
- Townsend, C. R., Scarsbrook, M. R. & Doledec, S. : Quantifying disturbance in streams : alternative measures in relation to macroinvertebrate species traits and species richness, *Journal of the North American Benthological Society*, 16, pp. 531-544, 1997b.
- Vannote, R. L., Minshall, G. W., Cummins, K. W., Sedell, J. R. and Cushing, C. E. : The river continuum concept, *Canadian Journal of Fisheries and Aquatic Sciences*, 37, pp. 130-137, 1980.
- Wallace, J. B. & Benke, A. C. : Quantification of wood habitat in subtropical coastal streams, *Canadian Journal of Fisheries and Aquatic Sciences*, 41, pp. 1642-1652, 1984.
- Winkler, G. : Debris dams and retention in a low order stream, *Verhandlungen der Internationale Vereinigung für Theoretische und Angewandte Limnologie*, 24, pp. 1917-1920, 1991.

8. 魚類の生活に影響を与える自然的攪乱と人為的インパクト

(森誠一)

8.1 概　説

　河川は，流水系であると同時に，流砂系である．土砂を含む水の流れは，地形・地質や流量に応じて河道や河床形態を決めていく．つまり，河川は，水と同時に土砂や懸濁物を流し，それらによって河床が変動し淵をつくり，かつ流れの緩やかな水域で堆積する(図-8.1)．生物の生活は，こうした物理系の上に基本的に成り立っている．すなわち，河川生態系は，流水系と流砂系という物理系の変動に依拠しており，それは攪乱という形で進化的時間の中で生物に影響を与えてきた．
　一方，生物が物理環境に変化を与えることもある．例えば，倒木は，川を塞ぐことによって流水に影響を与え，その結果，淵ができたりする．むろん，この場合，倒木は，もはや物理環境であり，生物現象を意味していない．また，生物の生活活動が物理環境を変化させることがある．ヌートリアは，土手に穴を開けて潜むというし，ビーバーの棲み家は，川を塞き止める．あるいは，斜面に成育する草木は，土壌の崩壊を軽減するとよくいわれるように，その時点の物理環境を保持する作用を持つこともある．いずれも，人間を含め生物が生きるということは，原理的に環境に負荷を与えることともいえる．そもそも生物は，光合成や呼吸，排泄物，死亡・分解，窒素固定による酸素供給や有機物等の基礎生産に物質循環として大いに関与し，地球レベルの主要な環境を構成している．物理環境と生物環境とは相互に作用しているといえる．

8. 魚類の生活に影響を与える自然的攪乱と人為的インパクト

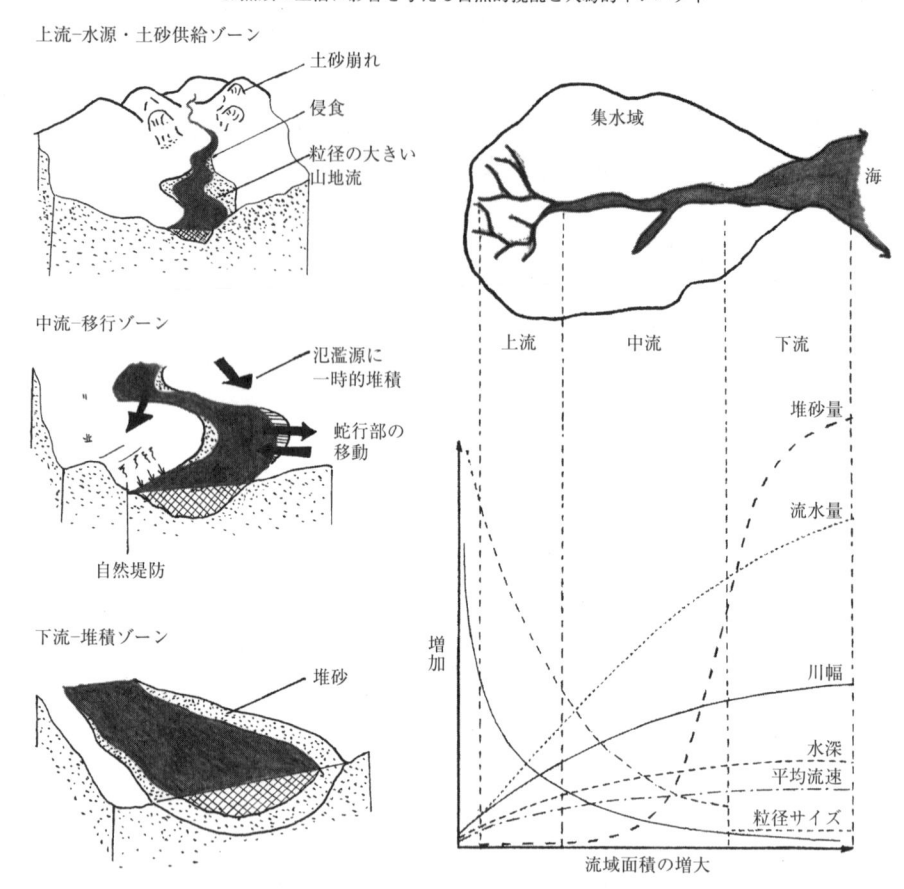

図-8.1 河川における流水系と流砂系．河川は，水と同時に土砂や懸濁物を流し，掘削し淵をつくり，かつ流れの緩やかな水域で堆積する

　生物環境は，概して自然の物理環境に影響を受けて進化し，その枠内の生物環境の中で生活をしてきた．近年に至って，人間は自身の生活に則するように自然に手を加え，人為的環境を自然界に加速的に広め，生物の進化速度を超えた速度で多大な影響を地球規模で与えるようになった．河川環境においても，そこには環境の自然性だけでなく，人間によって改変された影響を無視できない事態にある（図-8.2）．無視できないどころか，人為的インパクトの中に多くの生物は生活しているといってもよいのである．人為的インパクトが急増し自然的物理環境に影響を与え，人工的な要素を持った物理環境となっている．現在の生物の生活環境は，人為

8.2 温暖化が魚類に及ぼす影響

河川の生物多様性に影響を与える要因

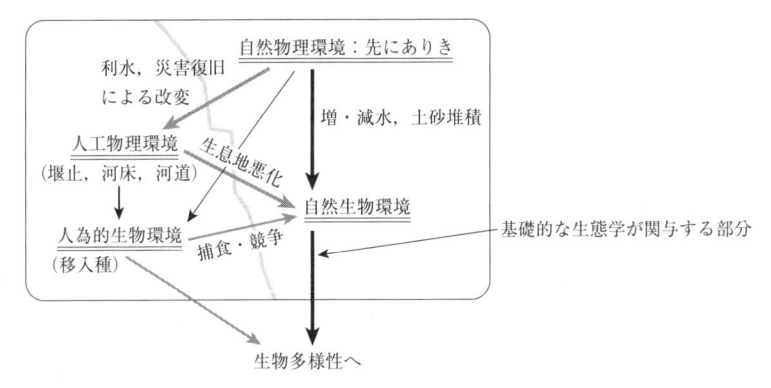

図-8.2 河川の生物多様性に影響を与える要因(物理環境と生物環境における自然と人工の関係)

的インパクトによって加工された物理環境なのである．つまり，魚類の生活に影響を与える人為インパクトを把握するには，本来の自然環境と人為的インパクトがそれぞれ生物の生活環境に対してどの程度影響を与えているのかを把握することが最重要である．そこでは，河川は，水という液体物質としての「水資源」という人間にとっての資源という視点ではなくて，人間以外の生物，魚や水生昆虫にとっての資源という視点が必要となる．

8.2 温暖化が魚類に及ぼす影響

化石燃料の爆発的な消費による二酸化炭素量の増加は，地球表層の熱収支に甚大な影響を及ぼし，温室効果を招いている．その結果，温度の上昇をもたらし，現在もそれは加速的に進行している．この100年以内に二酸化炭素量が現在の2倍になり，地球の気温は約 $1.5 \sim 5.8$ ℃上昇するとされている[IPCC(2001)]．それは水界の温度へも変動を与えると考えられる．もちろん，大気と水との間には物理・化学的な性質の差異があるため，そのまま水界にも同じ温度上昇が生じるわけではない．ただ，過去において，この地球温暖化のシナリオで予測される温度変化よりも小さい年間の温度異常が短期間のうちに種の分布と個体数に影響を及ぼすと推察されて

いる[Murawski(1993)].

また，温暖化は，温度上昇という環境変動だけを意味しない．この温度上昇は，地球全域に等しく均一的に生じるのではなく，今まで以上に局所的な気候の偏りをもたらし，降水量や降水分布を大いに変化させる．場所によってはかつてない集中豪雨が降り，多量の土砂流出を招くといわれ，それは淡水魚の生息環境を一変させるだろう．さらに例えば，温暖化は，海域の面積を変えることにもなる．地表の面積のうち2%以上を占める固体の雪氷すべてが溶けたとすると，地球全表面にわたって水位が約4~5 m上昇するとも算出されている．したがって，これによる海進が進行すると，淡水域は，その分縮小され，淡水魚類の生息環境が物理的に著しく狭くなる．地球温暖化は，このように気温の上昇に伴う水温上昇を招くだけでなく，海進による淡水域の縮小や豪雨による土砂流出等をもたらす．それらの環境激変は，種および個体群の絶滅を含む多大な影響を与えるであろう．

8.2.1 温度変化に対する魚類の生理学

種の生理的特性は，温度に対する活動性と関連していることが多い．温度上昇が魚類の生存，生理，成長，成熟等に及ぼす影響は，これまで内外を問わず様々な種において数多くの実験的研究がなされている．これらの実験デザインの多くは，温暖化の影響を解析するためのものでないこともあり，魚類の生理，成長，生態に対する気候変化の長期的影響を予測するには理想的なものとはいえない．しかしながら，温度に基づく生理学的な影響や生活場所，摂餌，繁殖する場所の移動等の生態学的な知見についての整理は，地球温暖化による魚類への影響を予測するうえで必要な作業であり，温度上昇が直接的に生死や絶滅の問題となる場合は，なおさらである．

(1) 筋肉機能

魚類は，種ごとに生息に適した水温を持っている．一般に，生息に適した温度範囲が狭い魚種は，広範囲の種よりも温度変化に対する筋肉機能の柔軟性が小さく，水温上昇に対してより敏感である．地球温暖化のシナリオによる数度までの温度上昇は，年間4~30℃の水温域に生息するオオクチバスのような温帯域の魚類よりも，-1.86~0℃という非常に狭い温度範囲で生息する*Pagothenia borchgrevinski*に対して遊泳能力に大きなインパクトを持つことが考えられる[Beamish(1978)]．図-

魚，生息が湧水域に限られる上述のトゲウオ科ハリヨ等の冷水性の魚類が分布している．ここで現在の堤防がないものと仮定して，この地域が再び温暖化によって海面が1m上昇したとすると，淡水魚の生息地の多くは海面下になり，消滅してしまうことになる．海進に伴って海域としてばかりでなく，汽水域の進入が奥深く入り込むだろう．それは純淡水魚の生息地を狭めることになる．ただ，上流域だけを生息範囲とするアマゴや，一部の冷水性のタカハヤ等のコイ科とカワヨシノボリ等のハゼ科魚類は，さほど海進の影響を受けないと思われる．

8.2.7 温暖化は絶滅を招くか

種ごとに，孵化率や仔魚生残率を最大化する体成長や遊泳力，摂餌行動等をもたらす最適水温がある．北アメリカの淡水魚は，この温度に基づいて大きく寒水魚，冷水魚，温水魚という3つに区分される[Hokanson et al. (1977)]．北アメリカの淡水魚を致死に至る最高耐性温度に基づいて便宜上それが約22℃の魚種を寒水魚，約27℃を冷水魚，33℃を温水魚という3つに区分]．予測された温暖化に伴い，アメリカの河川魚類の生息地は，寒水域で47%，冷水域で50%，温水域で14%が減少することが推定された（**図-8.8**）．逆に，温水魚であるブルーギルやオオクチバス，アメリカナマズ，コイ等は，この温暖化の条件下で増加するという．

米国ワイオミング州の山間河川の冷水魚を対象にして，水温のわずかな上昇による生息地損失が予測されている．温度が1℃上昇すると7〜16%，2℃で15〜26%，3℃で24〜39%，4℃で42〜54%，5℃で64〜79%の生息地が減少するとされている[IPCC (1996)]．また，中野らは，温暖化に伴って北海道におけるオショロコマおよび日本列島のイワナの分布域が減少する程度を年平均気温が4℃まで1℃ずつ上昇するごとに関してシミュレーションしている[Nakano et al. (1996)]．これによると，分布の南部域ばかりでなく，標高の低い場所ほど減少の程度が著しいことを示している．いずれも残った生息地の個体群はより局地的な状況となり，絶滅の可能

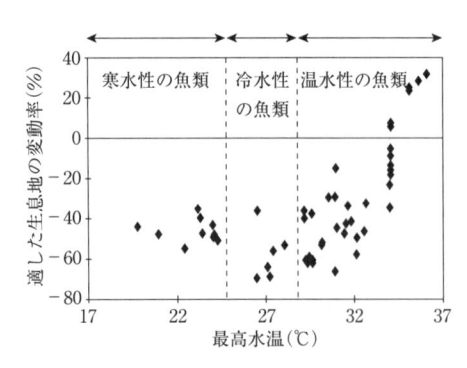

図-8.8 温暖化による3区分した魚類グループごとの最高水温と適した生息地の変動率 [Hokanson et al. (1977)]

8.2 温暖化が魚類に及ぼす影響

性が増すと考えられる.

しかしながら,水温差の大きい日周変動あるいは,四季を持つ温帯域や沿岸域等に生息する魚類は,日常的に短時間で数度の温度変動を経験する.つまり,水温があまり変動しない深海や極地に生息する種のような例外はあるものの,魚類はしばしば地球温暖化による水温変化をはるかに上回る水温の日周変化を経験する.例えば,多くの外洋域の魚類は,日中に深く冷たい水域で生活し,夜になるとより暖かい表層に垂直移動する.小さな池に生息する淡水魚でも,しばしば20℃を超える水温の日周変動や季節的変化の中で生活している種がいる.また,いく種かの魚類は低温時には冬眠するように,魚類はかなり生活様式の変異を通して,広い水温範囲で適応的に生存し続ける.それゆえ,こうした魚類にとって,地球温暖化で予測される数度程度の温度変化は,遊泳能力などに重大なインパクトを与えないかもしれない.

地球温暖化は,魚類にとって最悪の事態である絶滅や個体数の減少等の状況を招くというより,むしろ逆に利得となる結果も考えられる.十分な餌が供給されれば,地球温暖化は,種の分布範囲の極地方向への移動をではなく,その分布拡大をもたらすことが推察される.また,温暖化した冬季の温度は,温帯域の魚類の冬季生残率をおそらく高める.気候変動シナリオは,温暖化は夏より冬の方が大きいことを示すので,そのような生残率への影響は高緯度あるいは低緯度の個体群にとって意味があろう.ただし,この楽観的な見解は不十分なデータや保証のない推測に基づいており,直ちに信頼することはできない.今後,この温暖化の魚類への影響を課題とする研究が緊急に望まれ,詳しいシナリオの作成が必要である.

8.2.8 種の多様性と温暖化

種の多様性は,一般的に,高緯度から低緯度に向かって増加する傾向がある.この傾向は,概ね温度傾斜が緯度の高低に依存していることと関連しているのだろう.北アメリカ大陸において,緯度・経度それぞれ1度で囲まれたコドラート内の魚類の多様性は,緯度や経度より気候要因の方に強い関連があった.種多様性は,温度とともに増加し,乾燥によって減少する.しかし,温度と乾燥は,ともに種の分布パターンの38%を説明するにとどまった[IPCC(1996)].つまり,こうした広域的な見方は,個々の水域の種多様性に対する気候温暖化の長期的影響について情報や知見を十分には明示しないのである.魚類に及ぼす温暖化の影響は,地域によ

って大きく異なる.これは,生物への温暖化現象の影響を定量的に調査する場合には,より地域的な種や群集の生態から検証することで,より有益な資料が得られることを意味しているといえよう.

現在まで,温度変化によってある種や地域個体群が絶滅するかどうかといった推論や議論は数多くあるが,それによってある地域内における種間の関係がどのような影響を与えられるかの研究はほとんどない.今後は,地域的な生態系の内で,捕食-被捕食者関係のような他種との動的な関係を追跡する生態学的な解析も地球温暖化問題の文脈おいて重要であろう[Blaxter(1992)].

なお,本節はMori(1998)をもとに加筆修正した.

8.3 ダム構造物が魚類の生活に与える影響

河川生態系,特に魚類の生活環境の劣化をもたらす構造物としてダム(dam)はその典型といえる.利水,治水,発電という種々の目的に応じて設置されたダムという河川内構造物は,河川環境への人為的インパクトを極限にまで増大させる.流水を遮断するダムを境にして,上流域は湖となり湛水化し,下流域には流況の変化を招くことがある.概して,ダム堤体の高さや貯水池(ダム湖;impoundment)が大きくなるに従い河川流量や水質あるいは水生生物は著しく影響を受ける[環境問題科学委員会編(1978);Maitland and Morgan(1997);Giller & Malmqvist(1998)].

ダムは,河川の環境特性に劇的な変化を生起させる.特に,流況や温度の時間的・空間的分布特性を大きく変える[図-8.9.Allan(1997);Moss(1998);Cowx & Welcomme(1998)].こうした大きな変化によって魚類の生態がどのような変化するのかを把握し,対応策を考えることは重要な課題といえる.しかしながら,日本においては,人工構造物の生物への影響に関する生態学的な継続的研究は,非常に遅れているといわざるを得ない[森編(1998)].今なお,ダムを含む構造物によって変化した環境要因の何が,何に,どの程度,どのように影響を与えているのかの研究は萌芽的段階にある.ここでは,主に文献調査によりダム構造物が魚類の生活に与える影響について整理する.ただし,気候やダム貯水池の大きさ,ダムの運用が日本と異なる外国事例研究を用いて整理しているので,日本への適用にあたっては注意を要する.

8.3 ダム構造物が魚類の生活に与える影響

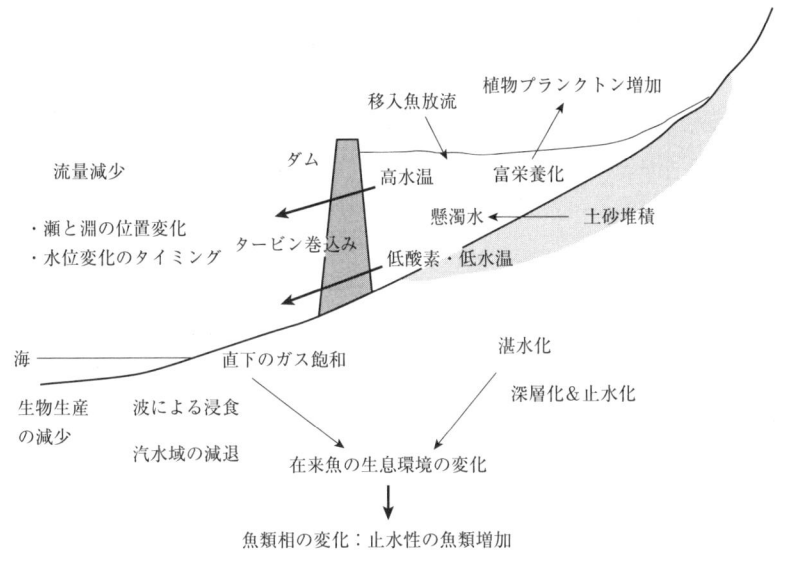

図-8.9 ダム構造物が河川環境に与える影響

8.3.1 河川の魚類の生活

　魚類の生活や生態は，いくつかに類型できる［水野，御勢(1972)；後藤(1987)；川那部，水野編(1989)］．例えば，海と河川を行き来する回遊性の魚類と，一生を定住的に淡水域で過ごす純淡水魚といった2つの生活史に大別される．回遊魚はさらに，海と河川の間を移動する目的に応じて，遡河回遊魚(サケ，イトヨ等)，降河回遊魚(ウナギ)，両側回遊魚(アユ)とに区分される．さらに，同種内であっても，成魚と未成魚等の成長段階ごとに選択する環境条件や，個体群によって生活史に変異が認められることがある［Cowx & Welcomme(1998)］．

　こうした魚種やその成長段階によってダム構造物がもたらす環境変化への対応に差異があるということになる．ダムにもいろいろな目的があり運用方法が異なるように，魚種ごとに各々の生活史を持ち多様な生態がある(**図-8.10**)．したがって，ダムと魚類との関係を把握する際には，種類や個体数の調査だけでなく，その生活史の中でどのような影響を持つかを体系的に知る必要がある［環境問題科学委員会編(1978)］．

　以下に，ダム構造物が魚類の生活に与える影響について，ダム堤体の上流にでき

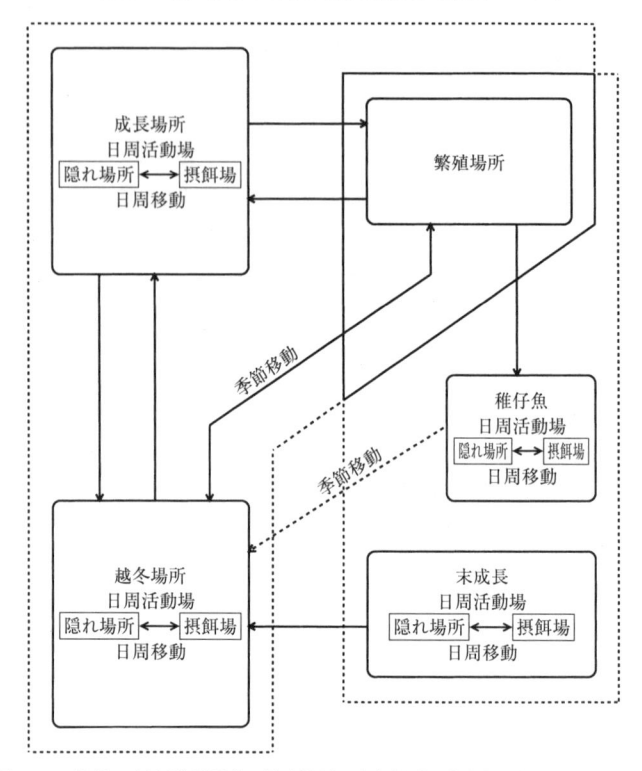

8. 魚類の生活に影響を与える自然的攪乱と人為的インパクト

図-8.10 魚類の生活(成長場所,繁殖場所,越冬場所,未成魚の餌場や回避場)における日周移動と季節移動

る湛水域と下流にできる減水域において生じる環境変化,および魚類の移動阻害となる観点から紹介しておこう.

8.3.2 ダム上流域:湛水域(ダム湖)

(1) 魚類相の変化

ダム建設によってできたダム湖(堪水域)における魚種相や個体数の変化のみならず,増加した魚種のほとんどが移入種となることがある.すなわち,ダム湖という止水域に適した移入種が優占的になり,もはや本来の構成種は,消滅もしくは激減する.放流移入魚には,オオクチバス(ブラックバス)やブルーギルのような外来魚

8.3 ダム構造物が魚類の生活に与える影響

と，特定水域に固有で，元々その水域にはいなかった本邦産在来魚（アユやアマゴ等）とに大別される．外来魚の例として，魚食性のオオクチバスは，北アメリカから移入されたが，現在，ダム湖等の止水域を中心に全国的に生息が確認されるようになってきた．本種の放流によって在来の魚類の個体数が激減することが知られている．いうまでもなく，この分布拡大は，主に，いわゆるスポーツフィッシングもしくは遊魚という目的の放流に依存している．ダム本体やダム湖にいくら魚類に配慮した設備を設置しても，結果的に本来の魚類相が維持できない場合も多い．単に，"サカナ"がいればいいという観点からは，その水域の魚類特性を必ずしも反映しなくても，放流魚で賄えばいいという発想しか生まれない．

また近年，一層増加している琵琶湖産アユの放流に混入して，オイカワに限らず琵琶湖固有種のワタカやモロコ類等のコイ科，あるいはギギ（ハゲギギ）が分布を拡大している．この分布拡大の現場を筆者はいくつかの漁業協同組合の放流事業で幾度か確認している．それらは，ダム湖への直接的な放流ではなかったが，周辺域にダム構造物等がある場所もあった．これらの結果，ダム湖の魚類相について水域間の地域特性が解消され，画一化に向かっていくだろう．これは，「魚類相の琵琶湖化」といえる．

水野ら（1964）も述べているように，ダム湖が形成され湛水域となった区間は，底生生物相が激変し，プランクトンが増殖しやすくなる．それは群集組成ないし構成種から見ると，河川ではなく，湖池の状態である．このことは魚類にとっての餌生物も異なることを意味し，特にそれはオイカワにおいて典型的に認められている．本種は，平地流を好み，主に藻類を餌としており，ダムが多く建設される山間流の環境条件は生息に適していない．したがって，藻類の少ない山間流には，本来的に少ない魚種である．しかし，ダム湖の出現によってもたらされる止水域における餌生物の変化や稚魚の流下阻止の増大等により，オイカワにとっては好適な生息場所が山間流に増加したといえる．その結果，本来的に少ないはずの個体数が激増したと考えられる．

魚類の産卵遡上が阻害されたことによるダム湖内の魚類相の変化にとどまらず，湖より上流域の在来種の生活にも影響を与えることが指摘されている．例えば，実際に，ダム湖に流入する河川の下流域ではオイカワが増え，逆に在来のカワムツの密度が減少している事例がある［伊藤，二階堂（1968）］．また，ダム湖より上流の流水域に生息するアマゴやカジカ等は，ダムによってできた湛水域によって流入河川

8.4 河川の魚類相:移入種と多様性

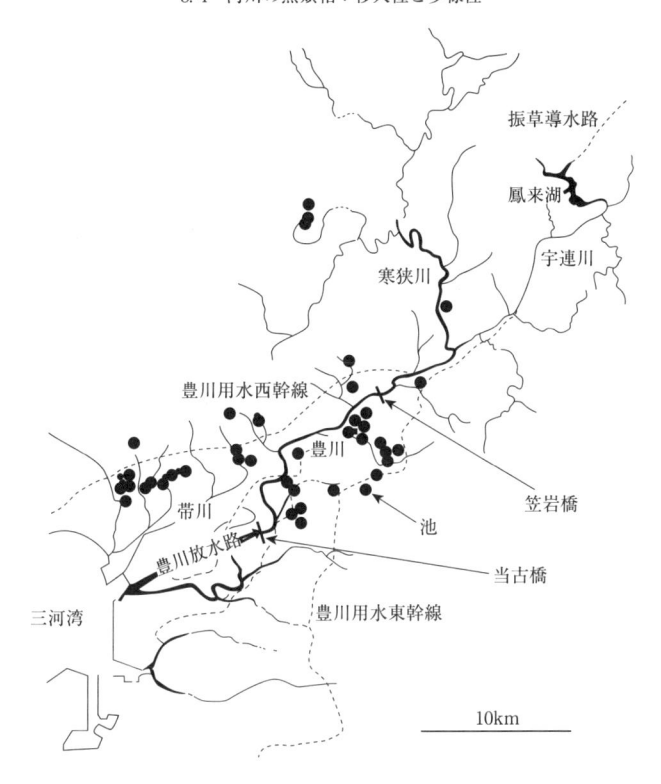

図-8.12 豊川の概要図と調査地点(黒丸:池)

　水の供給を行い,多くの溜池に貯められている.また,治水対策のために豊川放水路の建設が行われ,治水対策や利水整備のために支流の帯川は豊川から分断されるなど,豊川水系は様々な流路の変更が行われた[建設省中部地方建設局(1987)].

　全国的に河川環境が悪化する中,豊川も例外ではなく,急速な地域開発による都市化が進み,水質汚染や用水のコンクリート三面側溝を含む支川小河川の工事が行われた.また,溜池や遊水池の理立てによる水域の減少も見られる.さらに,溜池を含み豊川水系は,ほぼ毎年夏季には水不足が起こり,河川の流速減少や水位,水温の変化が急激に起こることがある.特に,1990年代中頃は中流域(新城市)で川幅が5 m以下ほどになり,水の流れがほとんどない箇所があった.これらの影響で,水質悪化や水中の酸素欠乏があり,中流域や河口付近では生物の大量死が確認された.

8. 魚類の生活に影響を与える自然的攪乱と人為的インパクト

　豊川は，上・下流付近では養殖漁業(アユ，アマゴ，ウナギ)が盛んであり，また近年では河川環境保護の啓発という目的で，色コイや金魚等の淡水魚の放流を行っている．一方で，オオクチバスやブルーギル等の外来魚の侵入も見られる[環境庁(1987)；梅村(1993)]．また，豊川水系では，減少の著しいネコギギ，ウシモツゴ，カワバタモロコが生息することが知られている[一宮町誌編纂委員会(1971)；堀(1979)；梅村(1984, 1993)；東海淡水生物研究会(1993)]．

8.4.2　豊川の魚類相

(1)　魚種リスト

　今回(1997～2001年)の魚類の調査方法は，手網(押網，タモ網)，仕掛け類(網もんどり．餌はサナギ粉)や釣り(餌はミミズやゴカイ)で行い，漁業協同組合，釣り人等の採捕結果や，同じ時期に行われた調査等で魚類の確認ができ，発表済みのものに関しては調査結果にも含めている．この他にも陸上からの魚類の確認や水中での観察(水中眼鏡とシュノーケルを使用)を行った．今回の調査結果は筆者らが，魚類の確認ができたものだけを記載した．また，この調査では聞き取り調査を行ったが，調査結果には含めずに魚類採捕の参考までとした．

　実際に確認できた魚種は，34科90種(亜種を含む)である(**表-8.3**)．この中には三河湾より遡上してきた海水魚25種も含めている．純淡水魚は46種，通し回遊魚は19種であり，いわゆる淡水魚の部類に属する魚種は総計65種を数えた．今回の調査で特に確認頻度の多い魚種は，カワヨシノボリ，カワムツB型，アブラハヤ，カマツカ，オイカワ，ウキゴリ，コイ，ギンブナ，ウグイ，ニゴイであった．

　これまでの豊川水系における調査結果をできるだけ網羅的に収集し，魚類相を把握した[愛知県科学センター(1967)；北設楽郡史編纂委員会(1968)；鳳来町教育委員会(1969)；小坂井町誌編纂委員会(1971)；一宮町誌編纂委員会(1971)；豊川市史編纂委員会(1973)；堀(1973)；環境庁(1978, 1987)；川合ら(1980)；作手村誌編纂委員会(1982)；倉内(1984)；梅村(1984, 1990, 1993)；小坂井の自然観察委員会(1988)；鳳来寺山自然科学博物館(1991)；木村(1991, 1993)；原田(1992)；建設省(1996)；設楽の自然調査会(1996)；ぎょぎょランド(1996, 1997, 1998)；久原ほか(1998)]．それらの調査で確認ができているが，今回の調査で確認できなかった魚種は，カタクチイワシ，シラウオ，カワマス，ブラウントラウト，タイガートラウト，ハス，ソウギョ，ムギツク，ウシモツゴ，ゼゼラ，アブラボテ，ニッ

8.4 河川の魚類相:移入種と多様性

表-8.3 豊川水系における産地別と場所別の移入魚

	中国大陸	北アメリカ	ヨーロッパ	熱帯魚	琵琶湖	琵琶湖以外の日本
上流 6種	1種 ・タイリクバラタナゴ	1種 ・ニジマス			2種 ・スゴモロコ ・ギギ	2種 ・ワカサギ ・ニッコウイワナ
中流 12種	4種 ・キンギョ ・タイリクバラタナゴ ・カムルチー ・タウナギ	2種 ・オオクチバス ・ブルーギル			5種 ・ホンモロコ ・ビワヒガイ ・ゲンゴロウブナ ・イチモンジタナゴ ・ギギ	1種 ・オヤニラミ
下流 12種	4種 ・キンギョ ・タイリクバラタナゴ ・カムルチー ・タウナギ	3種 ・カダヤシ ・オオクチバス ・ブルーギル	1種 ・ヨーロッパウナギ	2種 ・セイルフィンキャット ・パイレーツプレコ	2種 ・ゲンゴロウブナ ・ギギ	
池沼, 溜池 7種	3種 ・キンギョ ・タイリクバラタナゴ ・タウナギ	2種 ・オオクチバス ・ブルーギル			1種 ・ゲンゴロウブナ	1種 ・ワカサギ
	11種				9種	

注) 在来種と同種であるが,移入個体とわかるもの.
　　上流のウグイ陸封型:天竜川水系とつながってよく見られるようになった.
　　上流のヌマチチブ陸封型:アユとともに琵琶湖からの移入.
　　池沼,溜池のコイ:広い範囲で放流.

ポンバラタナゴ,カネヒラ,タナゴ,ダツ,クルメサヨリ,チカダイ(ナイルテラピア),アシシロハゼ,アユカケ,カジカ(カジカ大卵型)の20種であった.このうち,カワマス,ブラウントラウト,タイガートラウト,ハス,ソウギョ,ゼゼラ,カネヒラ,タナゴ,チカダイは明らかに移入種である,ムギツク,ニッポンバラタナゴ,タナゴは,本来この地域に分布せず[中村(1967)],移入もしくは誤同定ではなかったかと考えている.また,ウシモツゴとアブラボテは,近年,確認されてい

8. 魚類の生活に影響を与える自然的撹乱と人為的インパクト

ない．

今回初めて確認された魚種は，カワムツA型，ビワヒガイ，コウライモロコ，ナガレホトケドジョウ，セイルフィンキャット，パイレーツプレコ，カダヤシ，トウゴロウイワシ，アベハゼ，スミウキゴリ，ミミズハゼ，トビハゼ，ギンポ，イダテンギンポ，トサカギンポ，ヒラメ，アカエイの17種であった．これには近年，研究の進展により新たに種として記載されるもの(カワムツA型，コウライモロコ，ナガレホトケドジョウ等)を含んでいる．

また，調査結果には含めていないが，聞き取り調査では通し回遊魚のオオウナギ，海水魚のメナダ，キチヌ，メバル，アイナメ，熱帯魚のロングノーズガー，ピライーバ，コリドラスメタエといった8種の魚種の情報が得られた．熱帯魚は，飼育個体の放流(投棄)によるものといえる．豊川は，三河湾に流れ込み，下流域では沿岸に生息している海産魚が満潮時に遡上し，下流域は上・中流域と比較しても魚類相が豊富になっている．河口部の調査は十分に実施していないために，実際にはどれくらいの海産魚が遡上してくるのかがわからないが，今回の調査結果以外の魚種もいるであろう．

豊川流域では様々な養殖漁業が行われている．サケ科魚類ではニッコウイワナ，ニジマス，アマゴは上流に多く，一部は放流もされている．ヤマトイワナは，過去に養殖が行われていた．ブラウントラウトは少数だが，毎年養殖されている．ウナギとアユの養殖は，豊川流域では少ない．また，カワマスは，注文がある時にのみ養殖するそうである．さらに，ベステル(チョウザメの一種)，タイガートラウト(カワマスとブラウントラウトの雑種)，ニジカワ(カワマスとニジマスの雑種)，エフワン(ニッコウイワナとカワマスの雑種)が過去に試験的に養殖されていた．以上のように12種の魚類が過去現在に養殖されていたことになる．これらは今回の調査には，捕獲確認された種のみを入れている．アマゴ，アユ，ウナギ以外は完全な移入魚である．過去にヨーロッパウナギが養殖されていたが，現在のところ，その養殖は確認されていない．ただし，ヨーロッパウナギは，下流域で実際に採取されている．

魚類相調査における種数は，調査期間が長く，また調査頻度が多くなればなるほど増加する．その意味では地元に根差した調査が適している．本調査は5年間にわたり季節を通じて実施され，その継続性ゆえに90種もの魚類の確認のみならず，セイルフィンキャットやパイレーツプレコ等の投棄の結果と思われる外来魚が捕獲

8.4 河川の魚類相:移入種と多様性

され,アユ放流に混入する他水系の魚の現場が確認された.

(2) 移入魚をどう捉えるか

以上のように,豊川水系では90種の魚種が確認されたが,淡水魚は総計65種であった.そのうち移入魚は19種であり,淡水魚種数の29.2%を占めた(**図-8.13**).さらに,上流のウグイは,天竜川水系とつながってからよく見られるようになったという.また,上流のヌマチチブは,琵琶湖からのアユとの混入によるものと考えられる.これらを移入と考えると,移入魚の種数は21種となり,豊川の淡水魚類総種数の30%を超えることになる.これらの放流移入魚は,他水系から供給されるものであり,明らかに本水域では繁殖し定着できない種もいる.こうした事実は,種類数の増加が必ずしも生物相の多様性を示さないことを意味する.

移入魚をここで,海外から移植された外来魚,他水系に生息する在来種を放す放流魚,アユ等の放流に伴って混じって移入する混入魚とする.豊川では,移入魚のうち外来魚は11種であり,中国大陸由来の魚種は4種,北アメリカ産は4種,ヨ

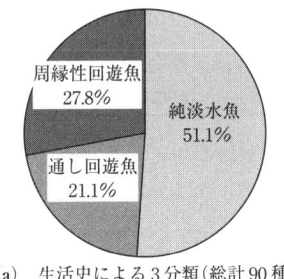

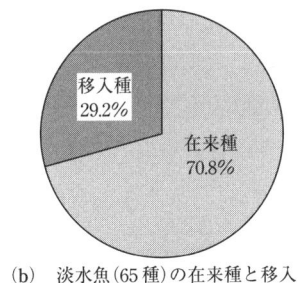

(a) 生活史による3分類(総計90種)
- 周縁性回遊魚 27.8%
- 純淡水魚 51.1%
- 通し回遊魚 21.1%

(b) 淡水魚(65種)の在来種と移入種による2分類
- 移入種 29.2%
- 在来種 70.8%

図-8.13 豊川における魚類相の生活史ごとの類型および在来種と移入種の割合

ーロッパ産は1種,南アメリカ産等いわゆる熱帯魚は2種であった.琵琶湖等の日本の他の水域からの放流・混入によると考えられる魚類が8種であった.放流にはアユやアマゴ等のように漁業に伴う水産事業による場合[倉内(1984);環境庁(1987);梅村(1993)]と,ペットとして飼育された熱帯魚等の外国産魚類が放棄される場合がある.

また,注目されるべき魚種として,次のものがあげられる.

ナガレホトケドジョウは,近年になりホトケドジョウから別種として分類された

[中坊(1993)]．生息数は少なく，確認できた場所も3箇所と少ない．しかし，本種は古くからホトケドジョウとして記録されているようであるが，これらの記録の中からは明らかにナガレホトケドジョウと思われる記載[大平(1966)]や，本種の標本が鳳来寺山自然科学博物館にあることを確認した．ナガレホトケドジョウが確認できる場所は，河川の上流部や渓流の石の下や水辺の草の中で，平野から丘陵地に生息しているホトケドジョウとは異所的に分布している[亀井(1995)]．生息地の現状は，ホトケドジョウ同様コンクリート化が進行しているのが現状である．ちなみに，筆者らは豊川水系以外の西側の河川である佐奈川や音羽川水系でもナガレホトケドジョウを確認していることから，本種は，愛知県東部(東三河)に点在して分布しているようである．また，体の特徴として，本種は，体型の細長い個体から太く短い個体，体色が茶褐色から赤褐色の個体が見られ，黒色斑点があるものまで見られた．同じ水系に生息していても，体形や体色，模様に様々な変異があった．

ネコギギは，伊勢湾と三河湾に流入する河川にのみ生息する『国の天然記念物』として知られている[東海淡水生物研究会(1993)]．豊川の上流域で確認した．生息していた場所は小さな堰があり，その下は深い淵となっている所である．その周りにある石の間で本種が確認できた．また，堰の上流の隣に溜まった落葉の下からも確認できた．しかし，この場所は設楽ダム建設予定地の上流約 1.5 km にある．このためダムが完成すれば，河川という流水環境からダム湖という止水環境へと変化し，ネコギギの生息にとって好ましからざる環境になるだろう．豊川中流域でも生息をしていた記録[一宮誌編纂委員会(1971)；豊川市史編纂委員会(1973)]があるが，最近は確認されていない．また，聞き取り調査で，確認するとギギであることが多かった．特に，聞き取りの体長 15 cm 以上の個体は，すべてギギであった．ちなみに，これまでの記録で，ネコギギの最大体長は 15 cm に満たない．以上のような注目すべき在来魚の保全が本川における重要な自然への配慮事業として位置付けられることが必要である．

8.4.3 移入種の問題

上・中・下流別に見ると，移入種は中・下流にそれぞれ 12 種がおり，特に多かった．平地の止水域を中心に生息するタイリクバラタナゴが上流域で採集されたが，本来の生息環境はそこにはほとんどない．そうした移入魚は世代交代できず，それは死滅放流ともいえるだろう．また，捕獲されるアユは，その年に放流される

8. 魚類の生活に影響を与える自然的攪乱と人為的インパクト

参考文献

・伊藤猛夫，二階堂要：ダム湖の上流および下流における量的分布，魚類学雑誌，13，pp. 4-6，1966.8.
・梅村淳二：愛知の淡水魚類，ブラザー印別株式会社，1993.
・亀井哲夫：ホトケドジョウ学事始，はるく，第63号，1995.
・川那部浩哉，水野信彦：江川本流の河川形態の現況と過去の状態の復元の試み（川那部編），江川水系の生物に関する総合開発調査，pp. 5-20，1970.
・川那部浩哉，水野信彦編：日本の淡水魚，山と渓谷社，1988.
・環境庁：第3回自然環境保全基礎調査—河川調査報告書東海版—，環境庁自然保護局，1987.
・環境庁：レッドデータブック，1991.
・環境問題科学委員会（SCOPE）編：(1978) 人造湖生態系（都留信也，松井健訳），環境情報科学センター，1978.
・建設省中部地方建設局：豊川放水路工事誌（上巻），1967.
・後藤晃：淡水魚—生活環からみたグループ分けと分布域形成，日本の淡水魚類（水野，後藤編），1-15，東海大学出版会，1987.
・東海淡水生物研究会：天然記念物ネコギギ，三重県教育委員会，1993.
・プリマック，R. B.，小堀洋美：保全生物学のすすめ，文一総合出版，1997.
・堀正和：天然記念物ネコギギ，鳳来町自然と文化，愛知県鳳来町，1979.
・一宮町誌編纂委員会：一宮町誌，愛知県宝飯郡一宮町，1971.
・水野信彦，川那部浩哉，宮地伝三郎，森主一，児玉浩憲，大串竜一，日下部有信，古屋八重子：川の魚の生活—I，コイ科魚類4種の生活史を中心にして，京都大学生理生態業績，81(1)，1958.
・水野信彦，名越誠，森主一：奈良県猿谷ダムの魚類—I，生息状況のあらまし，日本生態学会，14，pp. 4-9，1964.
・水野信彦，御勢久右衛門：河川の生態学，築地書館，1972.
・三橋弘宗，野崎健太郎：三重県宮川における糸状緑藻 Sporogyra sp.の大発生，陸水学報，14，pp. 9-15，1999.
・森誠一：トゲウオのいる川：淡水の生態系を守る，中央公論社，中公新書，1997.
・森誠一監修編集：環境保全学の理論と実践，信山社サイテック，2002.
・森誠一監修編集：魚から見た水環境，信山社サイテック，1998.
・森誠一監修編集：淡水生物の保全生態学，信山社サイテック，1999.
・森誠一：ダム構造物と魚類の生活，社用生態工学，2, pp. 165-178, 1998.
・渡辺勝敏，森誠一：橋の架け替え工事に伴うネコギギの生息場所の変化，魚から見た水環境（森誠一編），pp. 161-176，1998.

・Allan, J. D. : Stream ecology. Chapman & Hall Beamish, F. W. H.(1978) Swimming capacity, In : Fish Physiology(Hoar, W. S. & Randall, D. J. Eds.), pp. 101-187, Academic Press, New York, 1997.
・Blaxter, J. H. S. : The effect of temperature on larval fishes, *Netherlands Journal of Zoology*, 42, pp. 336-357, 1992.
・Brett, J. R. : The respiratory metabolism and swimming performance of young sockeye salmon, *J. Fish. Res. Bd. Canada*, 21, pp. 1183-1226, 1964.
・Brett, J. R. : Temperature-fishes. In : Marine Ecology, Vol. I. Environmental Factors, Part 1((Kinne, O. Ed.), pp. 515-560, Willey-Interscience, London, 1970.
・Brooker, M. P. : The impact of impoundments on the downstream fisheries and general ecology of rivers, *Adv. Appl. Biol.*, 4, pp. 91-152, 1981.

参考文献

- Cowx, I. G. & Welcomme, R. L.(Eds.): Rehabilitation of river for fish, Food and Agriculture Organization of the United Nations(FAO) by Fishing News Books, 1998.
- Englund, G. and Malmqvist, B. :(1996)Effects of flow regulation, habitat area and isolation on the macroinvertebrate fauna of rapids in north Swedish rivers, *Regulated Rivers*, 12, pp. 433-445, 1996.
- Giller, P. G. and Malmqvist, B. : The biology of streams and rivers, Oxford Univ. Press, 1998.
- Hargrave, B. T. : Ecology of deep-water zone. In Fundamentals of aquatic ecology(ed. Barnes and Mann), pp. 77-90, Blackwell, Oxford, 1991.
- Hokanson, K. E. F. :(1977)Temperature requirements of some percids and adaptations to the seasonal temperature cycle, *J. Fish. Res. Bd. Canada*, 34, pp. 1524-1550, 1977.
- IPCC : Climate Change 1995.(Watson, R. T., Zinyowera, M. C., Moss, R. H. & Dokken, D. J. Eds.), Cambridge Univ. Press, 1996.
- Kirk, R. S. & Lewis, J. W. : An evaluation of pollutant induced changes in the gills of rainbow trout using scanning electron microscopy, *Environmental Technology*, 14, pp. 577-585, 1993.
- McCormick, J. H., Jones, B. R. & Hokanson, K. E. F. : White sucker(Catostomus commersoni)embryo development, early growth and survival at different temperatures, *J. Fish. Res. Bd. Canada*, 34, pp. 1019-1025, 1977.
- Maitland, P. S. & Morgan, N. C. : Conservation management of freshwater habitats, Chapman & Hall, London, 1997.
- Matthews, W. J. & Zimmerman, E. G. : Potential effects of global warming on native fishes of the southern Great Plains and the Southwest, *Fisheries*, 15, pp. 26-32, 1990.
- Meissner, J. K. : Potential loss of thermal habitat for brook trout, due to climatic warming, in two southern Ontario streams, *Tranaactions of the American Fisheries Society*, 119, pp. 282-291, 1990.
- Mori, S. : Reproductive behaviour of the landlocked three-spined stickleback in Japan. The yearlong prolongation of the breeding period in waterbodies with springs, *Behaviour*, 93, pp. 21-35, 1985.
- Mori, S. : The breeding system of the three-spined stickleback, Gasterosteus aculeatus (forma leiura), with reference to spatial and temporal patterns of nesting activity, *Behaviour*, 126, pp. 97-124, 1993.
- Mori, S. : Spatial and temporal variations in nesting success and the causes of nest losses of the freshwater three-spined stickleback, *Environmental Biology of Fishes*, 43, pp. 323-328, 1995.
- Mori, S. : The influence of gobal warming on fish. In A threat to life: The impact of climate change on Japan's biodiversity, Domoto, A., K. Iwatsuki, T. Kawamichi and J. McNeely(Eds), IUCN, 2000.
- Moss, B. : Ecology of freshwaters, 3rd ed, Blackwell Science, 1998.
- Murawski, S. A. : Climate change and marine fish distributions: forecasting from historical analogy, *Transactions of the American Fisheries Society*, 122, pp. 647-658, 1993.
- Nakano, S., Kitano, F. and Maekawa, K. : Potential fragmentation and loss of the thermal habitats for charrs in the Japanese Archipelago due to climatic warming, *Freshwater Biology*, 36, pp. 711-722, 1996.
- Nilsson, C. : Remediating river margin vegetation along fragmented and regulated rivers in the north : What is possible? *Regulated Rivers*, 12, pp. 415-431, 1996.
- Oglesby, R. T., Carlson, C. A. & McCann, J. A.(Eds.): River ecology and Man, Academic Press, New York, 1972.
- Petts, G. E. and Bickerton, M. A. : Influence of water abstraction on the macroinvertebrate community gradient within a glacial stream system : La Borgne d'Arolla, Valais, Switzerland, *Freshwater Biology*, 32, pp. 375-386, 1994.

8. 魚類の生活に影響を与える自然的攪乱と人為的インパクト

- Paulson, L. J. & Baker, J. R. : Natrient interactions among reservoirs on the Colorado River. In Proceeding of the Symposium on Surface Water Impoundments (ed. Stefan, H. G.), American Society of Civil Engineers, New York, pp. 1647-1656, 1981.
- Rombough, P. J. : Respiratory gas change, aerobic metabolism, and effects of hypoxia during early life. In : Fish Physiology, Vol. XIA (Hoar, W. S. & Randall, D. J. Eds.), pp. 59-161, Academic Press, San Diego, 1988.
- Shuter, B. J. & Post, J. R. : Climate, population viability and the zoogeography of temperature fishes, *Transactions of the American Fisheries Society*, 119, pp. 316-336, 1990.
- Watanabe, K. : Growth, maturity and population structure of the bagrid catfish, Pseudobagrus ichikawai, in the Tagiri River, Mie Prefecture, Japan, *Japan. J. Ichthyol*, 41(1), pp. 15-22, 1994..
- Webb, B. W. & Walling, D. E. : (1993) Temporal variability in the impact of river regulation in thermal regime and some biological implications, *Freshwater Biology*, 29, pp. 167-185, 1993.

9. 自然的攪乱・人為的インパクトの観点から見た河川生態系の保全・復元の方向

(山本晃一, 森誠一)

9.1 河川生態系の保全・復元の意義

　1993年,『環境基本法』が制定され,翌年,これを受け建設省は『環境政策大綱』を制定し,そこでは「健全で恵み豊かな環境を保全しながら,人と自然との触れ合いが保たれ,ゆったりとうるおいのある美しい環境を創造するとともに,地球環境問題の解決に貢献することが建設行政の本来の使命であるとの認識をすること,すなわち「環境」を建設行政において内部目的化するものとする」と宣言した.

　1997年には33年ぶりの抜本的改正となる『河川法』改定案が国会で可決,公布された.『河川法』の目的に「河川環境の整備・保全」が位置付けられ,治水,利水,環境が河川管理の3本の柱となった.河川環境は,技術行為の配慮点ではなく目的となったのである.しかしながら,治水,利水に比べ,技術的蓄積もないこともあり,「河川環境の整備と保全」をどのような観点から,どのようなシステムでそれを担うかについて,十分な制度的仕組みや計画・管理論が確立していない.技術論的視点から早急な検討と体系化が必要となっている.

　河川生態系の保全・管理の目標とその水準は,河川が置かれた自然的・社会的条件により大きく異なるものであり,普遍的目標水準があるわけでない.河川と流域の相互連関の歴史性という与件の相違を認識しつつ,個々の河川ごとに,また場所ごとに設定せざるを得ないものなのである.『河川法』による河川整備計画は,流域

9. 自然的攪乱・人為的インパクトの観点から見た河川生態系の保全・復元の方向

の意見を聞きつつ河川管理者が設定するものであるが，流域および社会が持つ地域性と時代の価値観に従わざるを得ないのである．問題は誰がものをいい，目標を現実化するのに誰が費用負担し，誰が意思決定するのかということになろう．河川生態系に関する科学技術的知見はこれをサポートするが最終的意思決定の根拠性となるものでない．

河川生態学的知見の増大は，自然攪乱の持つ価値的意味の増大となると思われるが，どのような水準で自然攪乱を受け入れ，かつ制御という技術的対応（人為的インパクト）をとるかは，主に河川流域の自然的・社会的条件，従に流域そのものを取り巻くよりスケールの大きな（地域，国）環境条件，さらには地球規模の環境条件とリンクせざるを得ないものなのである．具体的には，河川整備計画の中に自然攪乱を考慮した河川環境の保全・管理をどのように取り込み現実化していくか，河川工事が河川環境に与えるインパクトをいかに緩和・解消していくかが技術的課題であるが，河川生態系に及ぼす自然的攪乱・人為的インパクトの影響等，計画に必要なサポート情報の生産・理論化は始まったばかりである．

さて「河川生態系の保全と復元」の観点から，攪乱をどう意味付け評価し，目標設定するべきなのか．近代の技術は，規格化，分業化という工場の技術に特徴がある．河川についても同様な技術思想にとらわれてきた．河川の機能（目的）ごとに分断化された技術体系，定常化，定規断面，公平・平等の安全度等々である．河川における人為的インパクトのほとんどは，この技術思想の流れの具体的現れといってもよいものである．今は，これを河川とは攪乱の場であり，変動する場であり，それが河川生態系を多様性のあるものとし，それを支えているのだ，それこそ河川であるという方向への意識転換が始まったばかりなのである．攪乱（変動）の持つ価値（効用）の定量的評価はまだ行われていないし，また価値（効用）が社会として十分に意識化されていない．川らしいとは何かの啓蒙の時代である．

河川の風景は，周辺社会の現れであり，社会の指標である．社会の規範・価値観に左右されざるを得ないのである．人間は洪水という脅威を防ぎ，また河川水を生産財として引水し，土地生産性を高めてきた．河川と人間の関わりが文化なのであり，河川の風景なのである．現にある河川の風景は歴史的到達物であり，これを土台としてしか河川環境の復元はあり得ない．復元の方向とその程度は，周辺社会の価値観に従わざるを得ず，一足跳びに原自然には戻れないのである．「河川とは，物質循環の主要な構成要素であり，生態系を構成する単位（流域）であり，人間にと

9.1 河川生態系の保全・復元の意義

っては身近な自然でゆっくりと時間が重ね交流してきた地域の文化を育んできた存在」と捉える中にこれからの河川管理の方向があろう．河川生態系自体に価値はない．生態系はそれを取り巻く環境の変化に応じて応答するのみである．それを価値付け，意味付けするのは人間である．すなわち時代の思想なのである．

攪乱という河川生態系にとって本質的な現象を受け入れ，それを技術の中に内部化するには，解決しなければならない多くの課題がある．

緊急の課題としては，
① 現存する河川の河川環境水準の評価法，
② それを土台に取りえる手段を考慮に入れながら自然生態系の保全・復元に係る計画目標水準の設定法，
③ 取り入れる手段の効果の測定手法，
④ 河川の関わる他の機能との折合いのつけ方，
⑤ 河川生態系の復元の関わる行動計画策定（規制，誘導，直接投資）プロセスのあり方，

を明確にすることが必要不可欠である

当面，次のような方向で河川環境の保全・管理を考えておくべきであろう．

基本的には，極力人為的管理行為と人為的ストレスが少ない，すなわち川のなりたがる姿に技術行為を合わせていくということになろう．自然攪乱・人為的インパクトによる河川環境の変化の予測精度が高くないことより，これを実体化するには，従来の物財管理と異なった河川管理システムが必要となろう．ある目的行為による変化を監視し，変化を未来に向けて読み解き，目的が持続可能なように，少ないエネルギー投入量で管理していくという，ある意味で高度な河川管理システムが必要となる．実践・モニタリング・補修・修正というサイクルを保証し得るシステムと，行為による変化の予測信頼性を高め得るシステムを構築することである［山本晃一(2000)］．

西美濃における堀田の風景から

全国でも有数の広さを持つ濃尾平野は，木曽川，長良川，揖斐川のいわゆる木曽3川によって洪水が頻繁に起こり，土砂が運ばれることによって形成された沖積平野である．そこでは肥沃で広大な平地がつくられ，広い範囲にわたって氾濫原，後背湿地，自然堤防や多くの河跡湖池が散在していた．また，この西美濃地

9.3 河川生態系の保全・復元の方向

定し,これに基づいて設定する.例えば,セグメント2-1 および 2-2 では護岸がないと経年的に河岸侵食が生じ,低水路が蛇行し,その振幅が徐々に大きくなることがある.このような区間においては,水衝部または局所洗掘の発生位置が移動することから,既往の定期横断測量結果や空中写真から,低水路法線の経年変化を把握し,低水路の近未来形を外挿し,堤防位置,蛇行振幅,低水路幅,川幅,堤外地の土地利用を勘案して平面形状を安定化(水衝部の固定化)するべきか判断する.平面形の安定化の方針をとる場合は,河道が自らつくり出す低水路幅を評価し,蛇行波長と低水路幅とが調和するように平面形状を設定する.

河川生態系の保全・復元の観点からの河道計画は,上述の技術思想を極力取り入れ,河川の自然的動態を極力妨げないようにすることである.そのためには,

① 河川域の拡大,
・川らしさ確保のため河川区域の拡大(中山間地河川における災害復旧計画に取り込む),
② 河川生態保全林と保全区域の制度化,
③ 蛇行の復元と河岸侵食の許容,
・河岸侵食をやり過ごす工法の採用(伝統工法,生物工法の活用)[河川環境管理財団編(2004)],
・直線河道の再蛇行化と最少の河岸線防御工となるような平面計画,
・河岸の自然化(自然河岸を保全する河岸線防御工の開発:河岸線防御水制の採用)[山本晃一編(2003)],
④ 護岸の近自然化,
⑤ 堰の可動堰化,
⑥ 落差工の少ない河道計画(急流小河川),
⑦ 生態系の視点からの河川域内の空間管理計画(面的管理へ),
・低水路河岸沿いの自然化,
・水防林効果の認知(セグメント2-1),
・治水機能と環境機能のトレードオフ関係における最適設計(経済学的評価,便益とコスト),

などを考えてみるべきであろう.

9. 自然的攪乱・人為的インパクトの観点から見た河川生態系の保全・復元の方向

(2) 水系土砂管理の方向

人間が河川・流域に加える諸活動は非常に大きなものであり，従来であれば，ゆっくり変化していた河道がかなり速い速度で変化し，セグメントスケールの地形変化現象が技術的課題として顕在化した．ダム貯水池の建設，河床掘削，捷水路の建設によって河道が急速に変わり，また海岸侵食が生じ，河川および河川周辺域の生態系も大きな影響受けるようになった．

山間部からの流出土砂量は，山地の樹林地の増加，治山・砂防施設の増加，大ダムの増加により戦前に比べて減少している．これにより，海岸侵食やダム下流河床材料のアーマ化等の現象が生じている．また，ダムによる流況変化も加わり，河川生態系の変化が生じている．山間部からの適切な土砂供給の確保が求められている．

a. 山間域 砂防ダムは，もっぱら土砂の流出を減少させる目的で設置されてきたが，下流への土砂供給を確保するため，スリットダム等の透過型砂防ダムが設置され始めた．これは，土石流や確率頻度の低い多量な土砂流出時に土砂の流出を抑制し，通常の出水時には土砂を流下させるような機能を持つものである．

貯水ダムは，電力開発，利水開発，治水対策のために山間地に設置されてきた．ダムにおける堆砂は，ダムの機能の損失であり，土砂の排除技術の開発は，大きな課題であった．土砂の排除の方法として，以下の方法が考えられている．

① 土砂排砂ゲート・門，
② 掘削・浚渫材料のダム下流へ移動，
③ 土砂バイパス，
④ 土砂フラッシング．

ダム高の低い電力ダムでは①の対応，治水容量の大きなダムでは④の対応，細粒分放出のためには③の対応，④，⑤は既設ダムでの対応がなされている．なお，②，③においては，ダム湖末端に貯砂ダムを設置し粗粒材料をそこにトラップし，排出の効率化を図ることがなされつつある．

b. 河川域 河川域においての土砂管理については，河道掘削を河川環境管理および水系土砂管理の観点から最適のものとすることが肝要であるが，

① 堰・頭首工の可動堰化，
② 土砂置き，
③ 産卵床の造成，

9.3.3 河川環境における人為的インパクトの軽減：魚類の保全の視点から

河川環境は，特に高度経済成長期を境に人工的に大きく変貌し，単調で貧弱な河川環境を招いた．それらの悪化した河川環境を，近年，元に回復させたり，自然を残した形で構造物が建設されたり，また平水時の流量を生態系の復元のために改善する試みがみられるようになった．また，河川本来の生態系を保持するような環境管理を進展させる基礎科学の応用にも努力が払われるようになった．

ここ数年，河川環境の生態系を復元・保持するために，自然に対する様々な配慮事業が実施されている．しかしながら，その「自然への配慮」は，まだ機能の単一目的化の技術思想を脱却していない．つまり，配慮事業自体が人間側の感覚で実施されている．例えば，自然への配慮が造園の発想で行われている事例が多い．自然への配慮という場合，生物の生息環境をいかに復元・保全するかということが課題であるから，そこでは生態学を基礎に置くべきである．なぜなら，生態学は生物の生活や生物相互の関係を定量的に分析していく学問であり，生態学的知見を技術的行為の理論的根拠とするのは当然のことなのである．

近年，人為的インパクトによって劣化した自然環境を保全するために行われている「多自然型川づくり」イコール「多自然型工法」という図式であってはならない．つまり，工法というハード面に目的があるのでなく，それをきっかけにして河川環境が変わり，その結果が目的なのである．人と川の関わり合い方を検討していく「多自然型川づくり」においては，自然的撹乱を前提とした生態学的背景をもって，その上に地域住民の生活や歴史，文化等を対象とする人文・社会科学的な視点を加えることが肝要なのである．

(1) 自然への配慮としての施工物の実態

多くの魚道が古くからつくられてはきた．しかし，つくり放しのままであり，魚道等の構造物の設計の建設工学的研究はあるが，生態学的に，すなわち魚道が魚類の生活の中での位置付けが定量的に科学的に評価されていない．生態学からの発言や提言が河川環境の部分を強調し，種々の意見が出され，それを生態学的に総合的評価する場が形成されなかったこともあり，起業者側にいろいろの誤解や認識のず

れを生んでいる．

　自然に配慮した改修事業の多くは，現在でもそこの環境特性や個々の生物種の生息条件に合った形ではあまり実施されていないのが現状のようにみえる．また，自然環境を配慮したといっても，画一的な工法に基づき，ある場所で成功したと判定された事例を各所で当てはめることがなされている．

　場の特性と，その場所や地域の本来の自然特性を前提にした生態学的検討と場の変化を読み解く，工学者，応用生態学者，地域の経験を体現した地域の人との協働が求められているのである．

(2) 復元生態学としてのビオトープ

　ビオトープは，特徴的な生物群集や生息地からなる一定のまとまりのある最小の地域(単位)と理解されている．もともとビオトープという定義自体あまり明瞭なものではない．実際に使用されている言葉の意味合いは，自然を復元した場所および行為を指していることが多い．例えば，トンボ池や希少魚の保護池，あるいは多自然型河川事業に付帯する人工林や人工池等の行為と場所をビオトープおよび事業と呼んでいる．これらは，破壊された土地や生物群集を元の種組成に回復することを目的とするため，復元生態学の視点が必要である．

　復元生態学は，生態学を基礎において，生物の生活への人工構築物を含んだ環境要素の影響を把握し，悪化および劣化した自然の復元に応用することを目的とするものである．そこでは，いかに生態系の構成要素が作用し合うかを生態学の観点から定量的に解析した基礎的成果をベースにして，どのような復元の方法が適切であるかについて把握する学問である．それが実践的な学問になるためには，復元の速度，費用，結果の信頼性や評価法，管理者を含む管理方法，生物が生活する基盤となる近未来の地形変化の評価法，さらに最終的には生物群集が管理されずに存続できる能力についても研究する必要がある．

(3) 今後の指針

　これまで自然への配慮のための工事がなされても，なされたとしてもつくり放しであり，その施工物の何が良くて何が悪いのかが定量的に位置付けられてこなかった．今後は，この施工手続きの中に事業の事前・事後に生態学的視点を反映した調査を行い，事業評価をすることが必要であろう．そこでは生態的視点と工学的視点

9.3 河川生態系の保全・復元の方向

のそれぞれの得手不得手を補う協議,討論する場を設定することが肝要である.

9.3.4 ダム構造物と魚類の保全・復元

ダムは,いうまでもなく魚類の移動障害となる.その障害の程度は,河川や設置位置あるいは時期によって様々であろうが,種や成長段階など魚の側からも影響の程度が異なる.このダムによる河川環境の変化は,魚類の生活や生態に大きく影響を与え,ほとんどの場合,環境条件を悪化させる.そうした環境下に置かれた魚類に対して,増殖事業,魚道,タービンへの迷入防止,捕獲と輸送等が自然への配慮事業として実施されている.

これまで,特にサケ・マス等の漁獲対象魚の増大のために多様な方法,手段が考案されている.まず手っ取り早い方法は,人工的に養殖した魚の放流事業による資源保全である.放流事業は,その放流された魚種の生産にとっては一定の効果をあげているといえるが,それだけでは河川環境の維持復元にはつながらない.つまり,こうした単に河川を生簀のようにして魚を放流するという発想からは,歴史的に培われてきた本来的なその河川流域の特性を取り戻そうという思想は生まれない.

魚類がダムを通過するための魚道等の施設は,初期のダムにはほとんど設置されないか,単なる階段式のものであった.それゆえ,回遊性の魚類は,遡上を著しく遮られ,壊滅的な打撃を被った.魚道という名の構造物を設置すればいいのではなくて,いかに効果的であるかを評価検証しつつ改善する努力が求められる.

電力ダム等の堰高の低い水路式では,流量が制御されて放水量が減る場合,未成魚はダム施設内に入りやすく,タービン内を通ることが予想される.コロンビア川のBonnevilleダムで実施された調査実験[Oglesby et al.(1972)]によると,タービンによる未成魚の直接的な損失は10〜20%と推定され,止水域における捕食者による間接的な致死を加えると,およそ35%に高く増加した.タービンへの迷入を避けるために,タービン上部の取入れ口からバイパスが設置された.魚はここを通って下流に安全に行くことができるように工夫されている.また,危険なタービンへの取水口を回避させ,輸送用タンクへのバイパスに誘導する迷入防止スクリーンが開発されている.

これまで水産資源の確保や自然への配慮として,①魚道の設置やタービン施設の改善(迷入防止スクリーン等),②ダム上・下流で魚を捕獲し,上流もしくは下流へ

の輸送放流，③人工増殖魚の放流，などが施されてきた．しかしながら，これらはダム構造物が先にありきの方策であり，それに基づいた議論である．現在のダムの魚類に与える影響の実態調査やダム建設前の事前調査においても，ダムの存在や建設を前提とした形で行われている．撤去や建設不可という選択肢も，ダム問題の視野の中に入れる時期にきている．もちろん，すべてのダムを撤去，建設不可というものではない．河川の再生や蘇生を真摯に考えるならば，ダムの撤去も選択肢の一つとして考慮し，多くの可能性について冷静にシミュレーションする価値があるということである[Palmer(1986)]．

魚類への影響軽減策の実践

巨大ダム群の連なるコロンビア川流域において，下流に移動する魚の生存に関する研究が進むと，広く行きわたった環境悪化によって起こる未成魚の深刻な損失は，全体のサケ・マス資源を危険にさらすことが明らかになった．魚にダム構造物を迂回させる方法は，当面のことを考えると実際的であるかもしれないが，サケ科魚類は湛水域を通過する間に継続的なストレスを被るだろう．そこでより人為的な工夫として危険な場所へ行く前に捕獲し，安全な場所へ輸送する方法がとられた．未成魚のサケを集め300 km下流へ輸送し，標識再捕法による実験がスネーク川で最下流のダムであるIceHarborダムで検証された．その結果，下流域における未成魚の生存が，標識個体の回収によって認められた．さらに，成魚として回帰した魚がIceHarborダムや産卵場において，また漁獲およびスポーツフィッシングによって確認された．これらの下流に輸送された魚は，成魚となってIceHarborダムにうまく戻って上流の産卵場へ移動し，この輸送が母川回帰本能にはさほど影響を及ぼさなかったと，当初は推定された．しかし，定量的な評価をし始めると，全体量としては頗る少ないことがわかった．サケが再生産していくためには2～6%の回帰率が必要とされているが，最近の調査結果によれば回帰率は0.2%と劣悪な現状であったのである．

また，回帰率に対する窒素濃度や他の致命的な要因への輸送の効果も証明されている．例えば，放水前に輸送放流した未成魚グループの回帰率は90%であり，それに対して窒素濃度が高い放水期間中に放流されたグループはわずか10%であった．この結果は，危険な場所に至る前に，時期を考慮した魚の捕獲と輸送が，生存を増やす実際的な方法であることを示している．

森誠一 記

一般項目索引

河岸侵食　109, 118, 225
夏期制限水位　46, 51
攪乱　2
　　——に対する生物の応答　263
　　——に対する抵抗性　265
　　——の回復速度　265
　　——の植物に及ぼす作用　158
攪乱規模(樹木の)　203
攪乱後の応答速度　9
攪乱時の生物の応答　9
攪乱を生じる限界外力　9
攪乱を生じる水質　9
河系係数　80
河系次数　80, 82
河口導流堤　126
河床攪乱　242
河床掘削　92, 123
河床[深層]間隙域　271, 275
河床地形　101
　　——の分類　101
河床低下　225
河床波　129
河床変動解析　225
河跡池　168, 171
河川　77
　　——における人為的インパクト　173
　　——における流水系と流砂系　284
　　——の縦断形　80
　　——の役割　37
　　——の流量　37
　　——の流量変動　39
河川横断工作物　13
河川環境管理の方向性　342
河川環境の整備・保全　323
河川環境の保全・管理　325
河川管理　39, 325, 342
河川固有植物　156, 168
河川植生　156, 330
　　——の違い　162
河川植生動態　185
河川水温　60

　　——の時間変化　59
河川水温調査会　39, 67
河川水温変化(人為的な)　66
河川生態系　1, 3, 6, 153
　　——の応答特性　9
　　——の科学化　10
　　——の構造　231
　　——の食物網構造　236
　　——の認知化　10
　　——の保全・復元手法　341
河川整備計画　323
河川地形　77, 78
　　——の応答　115
　　——の形成　156
　　——の変化　79
河川法　323
河川密度　84
河川流況　37
　　——の分析　38
　　——の変化　43
河川流送物質　10
河川連続体仮説　10, 262
カタトロスフィック　4
渇水量　48
河道計画　329, 331
河道形状制御　329
河道地形の変化　118
河道特性　160
河道内樹林化　185, 200
河道内流木生産源　190
河道の応答　133
河道の直線化　118
可能最大洪水流量　142
河畔植生　69
　　——による遮蔽率　70
河畔堆積物　112
河畔林　69, 112
刈取摂食者　262
川幅拡大　123
川幅縮小　124
河原　271

346

一般項目索引

河原植物　*192*
灌漑ダム　*46*
環境　*39*
環境形成作用　*155*
環境政策大綱　*323*
環境モニタリング(長期間の)　*29, 31*
間隙域　*276*
間隙水浸出域　*276*
間隙水浸入域　*276*
岩質　*78*
冠水頻度　*192*
乾性沈着　*19*
乾田化　*327*
カンナ流し　*95*

【き】
既往最大比流量　*40*
気候変化　*78*
気候変動に関する政府間パネル　*16*
基礎生産(底生藻の)　*250*
基礎生産者　*234*
基礎生産速度の算出　*245*
基盤の消失　*224*
丘陵の開発　*58*
供給源型(抵抗性)　*266*
供給土砂量　*93*
強酸性河川　*73*
共生関係　*155*
競争　*2*
京都議定書　*17*
玉石　*57*
魚道　*335*
魚類　*285*
　　——の移動　*305*
　　——の温度選好　*289*
　　——の温度耐性　*288*
　　——の回遊　*305*
　　——の筋肉機能　*286*
　　——の酸素消費　*287*
　　——の生活　*298*
　　——の成長　*288*
　　——の致死温度　*290*
　　——の繁殖　*287*
　　——の分布移動　*291*
　　——への影響(地球温暖化による)　*25*
魚類制御　*330*
魚類相の変化　*298*
魚類相への影響　*302*
巨礫　*271, 272*
切取り堀　*326*
筋肉機能(魚類の)　*286*
　　——への温室効果　*287*

【く】
空間階層性　*7*
空間管理計画　*333*
空間スケール　*6*
区分粒径　*85*
グレイザー　*262*
クロロフィル a　*235*

【け】
傾[斜]木　*211, 224*
渓流植物　*168*
渓流帯　*168*
下水道　*70*
下水廃熱の利用　*65*
限界外力(攪乱を生じる)　*9*
限界掃流力　*213*
減水域　*302*

【こ】
降河回遊魚　*297*
光合成　*235*
光合成生物　*234*
交互砂州　*102*
鉱山開発　*58*
洪水　*158, 172*
　　——による植生の攪乱　*212, 213*
　　——による植生の破壊　*212, 213*
洪水流量の制御　*328*
高水敷　*271*

一般項目索引

高水敷化　186
洪水調節　45
洪水流況の変化　12
洪水流量の変化　12, 120
降水量　40
後背湿地　172
護岸　13, 127
呼吸速度　245
湖沼の滞留時間　20, 22
個数加積曲線　87
コレクター　261
根茎からの発芽　208
混入魚　311, 313
コンパウンドミアンダー　106, 112

【さ】

細砂　57
最大光合成速度　235
在来種　180
細粒砂層　194
　——の粒度構成　196
細粒土砂堆積層　195
砂州　102, 157
　——の変化　128
砂堆　129
砂防　59
砂漣　131
三次栄養段階　10
酸性雨　19
　——による水質への影響　26
　——による生態系への影響　26
　——によるpHの低下　26
　——の影響　26
酸性雨防止　19
酸性降下物　19
酸素消費(魚類の)　287
山地の開発　58
サンドリボン　131
残留性有機汚染物質　72

【し】

紫外線　17, 28
　——の増加　28
時間的待避型(抵抗性)　266
試験湛水　174
C集団　85
自浄作用　240
地すべり　169
自然攪乱　4, 324
自然河川　11, 105
自然自浄作用　240
自然短絡　112
自然堤防　82, 114, 172
自然的攪乱　1, 3, 5, 39
自然復元　189
自濁作用　241
湿性沈着　19
自動モニタリング　33
地盤沈下　95
縦断分布(河川水温の)　60
遮蔽面積の増加　224
自由蛇行　110
重量粒径加積曲線　87
種子散布　155, 175
取水　52
取水堰　45, 127
出水　259
出水攪乱　260, 263, 265, 267
　——の回復　267
　——への抵抗性　265
出水規模評価　215
樹木　79
　——の攪乱　224
　——の攪乱規模　203
　——の遮蔽面積　224
　——の破壊　224
　——の流失　224
樹木管理　200
樹林地の攪乱　222
樹林地の世代交代　200, 204
樹林地の破壊　222

一般項目索引

シュレッダー　261
純生産速度　245
硝化活性　23
小河川　104
浄化槽　70
小規模河床波　129
硝酸イオン濃度　31
　　──の変化(地球温暖化による)　23
硝酸態窒素濃度　238
小セグメント　82
蒸発散量　40
　　──の増加　28
消費効率(植食動物の)　154
小流域法　232
食植性昆虫　155
植食動物の消費効率　154
植食動物の同化効率　154
植生　78, 79, 156
　　──の攪乱　212, 213
　　──の遷移　197
　　──の破壊　180, 212, 213
植生制御　330
植物　79
　　──に及ぼす作用(攪乱の)　158
植物群落の分布　160
食物網　10, 155, 234, 261
食物連鎖　10, 234
植林　54, 58
自律遷移　155
シルト　57
人為的インパクト　1, 5, 38
人為的な河川水温変化　66
進化時間(温暖化に伴う)　290
侵食限界速度　213
侵食長　110
侵食幅　110
死んだ川　4
侵入感受性　180
侵入受容性　180
侵入抵抗性　180
真の抵抗性　266

森林　38, 54, 69
森林管理　237
森林水文研究　30
森林伐採　54

【す】
水位制御　329
水温-気温関係　59
水温変化　21, 59, 300
水銀　73
水質　9
　　──の変化　13
　　──への影響(オゾン層の破壊による)　28
　　──への影響(酸性雨による)　26
　　──の影響(地球温暖化による)　21
水質指標　249
水質制御　330
水質評価　249
水制
水防林　112
水門　45, 127
水流散布　175
水力発電　46
水利流量　329
ストレス　3, 157
砂成分　132
スーパーマイクロハビタット　8
棲み分け　192
スリットダム　334

【せ】
瀬　271
生産者　154
正常流量　39, 328
生食物連鎖　10
生態系への影響(オゾン層の破壊による)　26
生態系への影響(酸性雨による)　26
生態系への影響(地球温暖化による)　24
生態系への影響評価(モニタリングによる)　29
生態の遷移　155

一般項目索引

生態ピラミッド　154
成長(魚類の)　288
静的樹林化　211
生物学的酸素要求量　241
生物学的浄化　241
生物種(遺伝子レベルの異なる)の地域間移動　13
生物多様性　331
生物の応答(撹乱時の)　9
堰　45, 238
セグメント　7, 77, 79, 82
　——の応答　118
　——の形成機構　84
　——の変動速度　89
セグメント1　104, 110, 116, 146, 157, 161, 162
セグメントM　82, 83, 103, 109, 142, 162
セグメント3　108, 114, 149, 161, 162
セグメント2　117, 161
セグメント2-1　105, 110, 147, 162
セグメント2-2　106, 113, 148, 162
摂食機能群　261
絶滅危惧種　172
遷移河床　131
先駆植生　128
線格子法　87
潜在自然植生　3, 156
潜在的自然河道　97
潜在的自然流況　39
扇状地　82
選択取水　67, 68

【そ】

総生産速度　245
送粉　155
掃流砂　108
掃流力　96, 142
側方侵食　110
遡河回遊魚　297
粗粒化　188
粗粒物質　147

【た】

大学演習林　30
大河川　104
大規模撹乱　4, 48
大規模洪水　4, 109
大洪水　109, 133
耐性温度(魚類の)　288
堆積環境　225
大セグメント　82
大ダムの建設　93
待避場型(抵抗性)　266
代表粒径　96
蛇曲　110
蛇行形状　106
多自然型川づくり　335
多自然型工法　335
卵(魚類)の耐性温度　287
ターミノロジー　7
ダム　43, 45, 238, 296, 337
　——の影響　173
　——の用途　45, 47
ダム下流域　302
ダム建設　58, 173, 300
ダム湖　29, 339
ダム上流域　298
ダム放流水　66
他律遷移　155
単位河床形態　101
湛水域　298
　——の水温変化　300

【ち】

地殻変動　78
地下水位制御　329
地下水流動の変化　128
地球温暖化　9, 16, 20, 285
　——に伴う魚類の分布移動　291
　——に伴う進化時間　290
　——によるアルカリ度の変化　22
　——による魚類への影響　25
　——による硝酸イオン濃度の変化　23

一般項目索引

　　——による水温の変化　21
　　——による水質への影響　21
　　——による生態系への影響　24
　　——による地球環境への影響　17
　　——によるプランクトン群集への影響　25
　　——によるpHの変化　22
　　——による水資源への影響　24
　　——による水循環への影響　20
　　——による溶存酸素の溶解度の変化　21
地球温暖化防止のための取組み　17
地球環境　5
　　——への影響(地球温暖化による)　17
地球環境変化　331
地球規模の環境インパクト　28, 31
地球規模の環境変化　15
治山　59
致死温度(魚類の)　290
地質　78
窒素酸化物　19
窒素沈着量の増加　28
窒素飽和　23, 24, 27
中規模攪乱　4, 50
中砂　57
沖積河川　78
長期間の環境モニタリング　29, 31
長期生態系モニタリング研究　29
長期生態系モニタリングネットワーク　29
長距離越境大気汚染条約　19
潮汐水路　115
直線河道　102

【つ】

TWINSPAN法　163

【て】

抵抗性(攪乱に対する)　265
定常攪乱　4
低水量　48
低水路河岸管理ライン　332
低水路の拡幅　12
低水路の掘削　12

低水路満杯流量　187
ディスターバンス　3
低層水温の周年変化　67
停滞域(ダム・堰の)　239
堤防防護ライン　332
デトリタス　261

【と】

透過型砂防ダム　334
同化効率(植食動物の)　154
頭首工　127
淘汰圧　2
動的樹林化　211
動的平衡河道　97
動的平衡系　4
倒木　211, 224
　　——の流失　224
倒伏確率　219
倒伏形態の分類　217
倒伏限界モーメント　224
倒伏状況の分類　217
倒流木堆積　271, 277
土砂　56, 91, 93, 178
　　——の収支　91
　　——の堆積　109
　　——の分級　101, 109
土砂管理　334
土砂供給量　12
土砂制御　329
土砂動態　91
土砂動態マップ　91
土壌の高温化　23
土壌の乾燥化　23
土地改良法　327
突進遊泳　287

【な】

内帯　40
内的営力　77

生物関連項目索引

カマツカ　*308*
カワゲラ　*261, 270, 273, 274*
カワシオグサ　*250*
カワニナ　*261*
カワバタモロコ　*308*
カワマス　*308, 310*
カワムツ　*299*
カワムツA　*310*
カワムツB　*308*
カワヒガイ　*313*
カワモズク　*234*
カワヨシノボリ　*294, 308*
カワラニガナ　*156, 167, 171*
カワラノギク　*156, 167, 168, 171, 178, 184, 193*
カワラハハコ　*168*
カワラヨモギ　*167*
カンエンガヤツリ　*172*

【き】
ギギ　*299, 313*
ギシギシ　*175*
キチヌ　*310*
キンギョ　*314*
ギンブナ　*308*
ギンポ　*310*

【く，け】
クサヨシ　*174*
クズ　*176*
クリプトスポリジウム　*73*
クルメサヨリ　*309*

珪藻　*234, 238*

【こ】
コイ　*290, 293, 294, 299, 308, 314*
紅藻　*234*
コウライモロコ　*310*
コカゲロウ　*272*
コガタシマトビゲラ　*275*

コクチバス　*292*
コゴメバオトギリ　*179*
コセンダングサ　*184*
コリドラスメタエ　*310*
コレゴヌス　*288*

【さ】
サクラマス　*26*
サケ　*290, 292, 297, 303, 305, 337, 338*
サッカー　*288*
サツキマス　*293*

【し】
シアノバクテリア　*234*
糸状珪藻　*238*
糸状緑藻（大型）　*234, 243*
シナダレスズメガヤ　*156, 179, 181, 184*
植物プランクトン　*25, 234*
　　──の流下　*239*
植物プランクトン珪藻　*238*
シラウオ　*308*
シロザ　*175*

【す】
スゲ　*179*
ススキ　*196, 292*
ズミ　*178*
スミウキゴリ　*310*

【せ】
セイタカアワダチソウ　*156, 176, 179, 181, 184*
セイバンモロコシ　*181*
セイルフィンキャット　*310*
ゼゼラ　*308*
セリ　*180*
蘚苔類　*271*

【そ】
ソウギョ　*308*
草本　*79*

生物関連項目索引

草本類の攪乱　213
草本類の破壊　213

【た】
タイガートラウト　308, 310
大西洋サケ　292
タイリクバラタナゴ　312
タウナギ　316
タコノアシ　175
タナゴ　309, 313
ダツ　309
タマアジサイ　169
ダフニア　25

【ち】
チカダイ　309
チカラカゲロウ　262
チヌークサーモン　305
チュウジタデ　172
チョウザメ　310

【つ，て】
ツルヨシ　174, 192, 195
　　――の攪乱　214

低生藻　234, 242
　　――の基礎生産　250
低生藻群落の光環境　244
底生動物　259, 275, 276

【と】
トウゴロウイワシ　289, 310
動物プランクトン群集　25
トキホコリ　173
トゲウオ　292, 294
トサカギンポ　310
ドジョウ　293
トダスゲ　172
トネハナヤスリ　172
トビイロカゲロウ　275
トビゲラ　239, 261, 270

トビハゼ　310
ドロニガナ　171
ドロムシ　262

【な】
ナイルテラピア　309
ナガバギシギシ　175
ナガレホトケドジョウ　310, 311
ナルコスゲ　169

【に】
ニゴイ　308
ニジカワ　310
ニジマス　290, 292, 310
ニセアカシア　189
ニッコウイワナ　310
Nitzschia　238
ニッポンバラタナゴ　308

【ぬ，ね，の】
ヌカユスリカ　272
ヌートリア　283
ヌマチチブ　311, 313

ネコギギ　308, 312, 313, 317

ノイバラ　174
ノーザンパイク　289

【は】
パイク　289
パイレーツプレコ　310
ハエ　261
ハゲギギ　299, 313
ハス　308
ハリエンジュ　128, 156, 179, 181, 182,
　　184, 189, 192, 200, 216, 330
　　――の再生・拡大過程　205
　　――の倒伏限界モーメント　218
ハリヨ　292, 294
ハンノキ　179

生物関連項目索引

【ひ】

ヒツジグサ　175
ヒトヒルムシロ　175
ビーバー　79, 283
ヒメムカシヨモギ　184
ビライーバ　310
ピラカンサ　181
ヒラタカゲロウ　262, 276
ヒラメ　310
ヒル　261
ビワヒガイ　310

【ふ】

フジ　174
付着藻　234, 250, 252, 275
フナ　314
ブユ　262, 272, 274
ブラウントラウト　287, 308, 310
ブラウンブルヘッド　290
ブラックバス　298
ブルーギル　294, 298, 308
ブルックトラウト　288, 290

【へ, ほ】

ベステル　310
ベニザケ　287, 305
ヘビトンボ　262, 273

ホソバコンギク　171
ホトケドジョウ　311

【ま】

マコモ　149, 172
マス　305, 337, 338
マダラカゲロウ　277
マルバヤハズソウ　184

【み, む】

ミズムシ　261
ミクリ　177
ミミズ　261, 272, 274

ミミズハゼ　310

ムギツク　308
無脊椎動物(大型)　261

【め】

迷惑な藻類　245
メドハギ　184
メナダ　310
メバル　310
メマツヨイグサ　184
メロシア　238

【も】

木本類の攪乱　215
木本類の破壊　215
モザンビークテラピア　289
モロコ　299, 313

【や】

ヤエムグラ　184
ヤシャゼンマイ　168
ヤナギ　179
ヤブガラシ　176
ヤマトイワナ　310
ヤマトキホコリ　173
ヤマメ　25

【ゆ, よ】

ユウゲショウ　179
ユスリカ　261, 269, 274〜277

ヨコエビ　276, 277
ヨシ　149, 172, 176, 181
ヨモギ　184

【ら, り, ろ】

藍細菌　234
藍藻　25, 234

緑藻　234

生物関連項目索引

ロングノーズガー　*310*

【わ】
ワカシオグサ　*234*

ワタカ　*299*
ワムシ　*276*

自然的攪乱・人為的インパクトと河川生態系

定価はカバーに表示してあります．

2005年5月24日　1版1刷発行　　　　ISBN 4-7655-3408-1　C3051

編　者	小倉紀雄・山本晃一	
発行者	長　　祥　　隆	
発行所	技報堂出版株式会社	

〒102-0075　東京都千代田区三番町8-7
（第25興和ビル）

日本書籍出版協会会員
自然科学書協会会員
工学書協会会員
土木・建築書協会会員

電　話　営　業　(03)(5215)3165
　　　　編　集　(03)(5215)3161
FAX　　　　　　(03)(5215)3233
振替講座　00140-4-10
http://www.gihodoshuppan.co.jp/

Printed in Japan

© Norio Ogura, Koichi Yamamoto, 2005

装幀　芳賀正晴　印刷・製本　シナノ

落丁・乱丁はお取り替え致します．
本書の無断複写は、著作権法上での例外を除き、禁じられています．

河川と社会の関わりの原点に戻り，流域と水質の総合的な対策が求められる！

流域マネジメント －新しい戦略のために

A5判・総282頁(カラー2頁)　　ISBN4-7655-3183-X C3051

定価＝本体4,400円＋税(変更される場合がございます．弊社までご確認ください)

大垣眞一郎・吉川秀夫監修　　財団法人河川環境管理財団編

執筆者 (50音順)　浅枝隆・大石京子・大垣眞一郎・岡部聡・佐藤和明・関根雅彦・長岡裕・西村修・藤井滋穂・古米弘明・水野修

主要目次　1. 水質環境管理の現状と課題(日本の水質環境問題の変遷と現在／日本の水環境保全行政／諸外国の水質環境管理)　2. 水環境保全のための管理および技術(生活系汚濁源からの負荷と対策／工場・事業場など汚濁源の対策／面源の対策／河川水の直接浄化対策／流域住民による対策／情報技術を活用した河川管理手法)　3. 理想的な水質環境創出にあたっての主要課題(水遊びのできる河川の創出／クリプトスポリジウムなどへの対策／多種多様な生物が生息できる河川の創出)

治水や利水と環境対応を調和には，栄養塩類の管理は最重要課題である！

河川と栄養塩類 －管理に向けての提言

A5判・総192頁(カラー14頁)　　ISBN4-7655-3403-0 C3051

定価＝本体3,800円＋税(変更される場合がございます．弊社までご確認ください)

大垣眞一郎監修　　財団法人河川環境管理財団編

執筆者 (50音順)　浅枝隆・井上隆信・大垣眞一郎・岸田弘之・佐藤和明・長岡裕・西村修・藤井滋穂・藤本尚志・古米弘明・渡辺拓

主要目次　1. 河川水質環境における栄養塩類(栄養塩類問題に対する取組の現況／河川の栄養塩類に関わる諸現象)　2. データから見る日本の河川中の栄養塩類の動向(全国河川の現況と推移／栄養塩類濃度に対する影響因子／規準等／ケーススタディー多摩川・揖斐川)　3. 欧州の河川における富栄養化状況(富栄養化状況／栄養塩類の管理策／米手国における栄養塩類の管理)　4. 栄養塩類に関する現象と課題(窒素，リンに関わる現象と解析／下水由来の窒素，リンの影響と解析／窒素，リンの流出・運搬機構／窒素，リン管理の必要性)　5. 河川水質管理への提言(栄養塩類の捉え方／河川生態系の再生のための栄養塩類濃度管理の必要性／栄養塩類発生源対策のあり方)

技報堂出版株式会社　営業部　　TEL03(5215)3165　FAX03(5215)3233